建筑空间与家具

——家具设计思路的演绎

袁进东　夏　岚　著

中国林业出版社

图书在版编目（ＣＩＰ）数据

建筑空间与家具：家具设计思路的演绎 / 袁进东，
夏岚著 . -- 北京：中国林业出版社，2017.5
ISBN 978-7-5038-8850-2

Ⅰ. ①建… Ⅱ. ①袁… ②夏… Ⅲ. ①家具－设计－
研究 Ⅳ. ① TS664.01

中国版本图书馆 CIP 数据核字 (2016) 第 319251 号

中国林业出版社·建筑分社
责任编辑：纪 亮 王思源

出版：中国林业出版社（100009 北京西城区德内大街刘海胡同 7 号）
网站：http://lycb.forestry.gov.cn
印刷：北京卡乐富印刷有限公司
发行：中国林业出版社
电话： （010）8314 3518
版次：2017 年 5 月第 1 版
印次：2017 年 5 月第 1 次
开本：1/16
印张：7
字数：150 千字
定价：48.00 元

前　言

　　对于科学实验和哲学思想而言，设计是极其不同的，设计是说明性的，而不是描述性的，在构建一种思想以制定不武断的设计决策时，我们需要总结有关历史的经验，把握现代设计方向的理念，以确定较为理性成熟的思考系统，来作出深入简化的设计规划和表现。

　　本书着重从依据建筑空间的角度，纵观中外历史及国内实况来研究及拓展相关家具设计的思路。在进行研究家具设计方法问题的同时，重点关注家具所存在的建筑空间因素以及维系家具与建筑空间最为重要的使用者因素。

　　从研究中外历史建筑与家具设计的传统构思原理中，总结中国古代构架建筑空间的发展和与空间相得益彰的家具演变的统一性，西方古代家具与建筑在装饰风格上的趋同性等，值得参考且具有有助于拓展家具设计思路的历史价值。

　　特别在回顾20世纪西方建筑思潮对现代家具设计的影响研究中，归纳总结了每一阶段极具代表特色的建筑家具设计大师们的设计理念及设计方法。有益的挖掘和整理对当今国内家具设计领域存在思路贫乏、方式单调的现状是极具价值的。

　　面对国内家具设计的发展历程，从"海派风格"到"套装概念"的历程中提炼出优秀的设计思路以供借鉴，针对发展过程中出现的设计问题以及影响到现状发展出现的新问题，都成为本书中最为棘手并有待重点突破的研究目标。

　　因此，通过对中外历史及前辈经验的总结，对国内家具设计发展的了解，让我得出本书的一个重要结论：选择建筑空间作为家具设计的一个最为可靠的依照对象，才能让设计的家具作品获得它自身最大的价值，且有助于设计师在有限的范围内创造无限的设计价值。借助许多设计案例的分析解剖，一方面印证了这一结论，另一方面，在结合一些家具产品设计开发经验和具体实践的同时，本书概述性地提出了在建筑空间中拓展家具设计的构思方法及理论：

　　①依靠空间尺度——把握家具的合理性；

　　②掌握空间关系——确定家具的特色性；

　　③感知空间方式——创造家具的多样性。

目 录

第一章 绪 论 ···01

　第一节 关于家具设计的一般思路及存在问题 ·················01

　　一、从实用功能出发 ···01

　　二、从审美功能出发 ···04

　第二节 研究家具与建筑空间关系的现实意义 ·················05

　　一、家具是建筑空间中的重要内容 ·························05

　　二、家具适合建筑空间的多元多义性 ·······················06

　第三节 从家具与建筑空间关系中拓展家具设计思路的可行性 ···········08

第二章 中西方古代建筑与家具设计中的构思原理研究 ·········10

　第一节 中国古代建筑空间机能的完善对家具设计的影响 ·······10

　　一、建筑空间的高度变化直接影响家具形体变化 ···········13

　　二、建筑空间的结构特性直接影响新的家具形态的创造 ·········19

　　三、建筑内外空间成熟发展促进家具功能的完善 ···············20

　第二节 西方古代家具风格与建筑风格的趋同性 ···············25

　　一、建筑风格直接决定家具形式 ···························25

　　二、精彩的古典建筑空间中的家具角色 ·····················27

第三章 20世纪西方建筑思潮对现代家具设计的影响 ···········31

　第一节 家具与建筑空间的一体化设计 ·······················31

　　一、威廉·莫里斯（William Morris. 英国） ···············31

　　二、麦金托什（Mackintosh. 苏格兰） ·····················33

　　三、安东尼·高迪（Antoni Gaudi. 西班牙） ···············34

　　四、弗兰克·赖特（Frank Lloyd Wright. 美国） ···········37

　　五、艾里尔·沙里宁（Eliel Saarinen. 芬兰） ·············39

第二节　建筑空间设计的理念运用于家具设计 40

第三节　人的需要成为家具与建筑空间设计的开始 47

第四节　以多元化生活方式为中心以多元化建筑空间为基础的家具设计 ..51

第四章　20 世纪中国家具设计发展的问题与对策 57

第一节　"海派风格"对中国家具设计发展方向的影响 57

第二节　"套装概念"的延用状况以及利弊分析 60

第三节　新中式家具的兴起与设计探索 63

第五章　探索在建筑空间中拓展家具设计的构思方法 67

第一节　衡量空间尺度标准以把握家具的合理尺度感 67

一、以人的心理诉求作为基础 67

二、以距离作为参考 69

三、以安全作为前提 70

四、以空间需求和动机作为起点 71

五、以可识别性作为目标 72

第二节　记录空间关系以确定家具的基本特征 74

一、确定家具在建筑空间中的角色 74

二、场所的度量确定家具的特征和位置 75

三、在功能主义空间的专制下拓展家具的功能要求 77

第三节　感知空间方式以创造家具丰富的构成形式 79

第四节　家具在空间中的引导和暗示 86

一、用以组合空间的家具 86

二、等候空间中的家具 88

三、可移动和固定的家具 92

设计师案例 94

结　论 102

参考文献 105

第一章　绪　论

如今中国的家具市场发展得越来越成熟，相比之下，家具设计水平的提升却有些慢热。设计师徘徊在市场化和艺术化之间来定位所设计的家具作品已经很难满足成长中的使用者的要求。家具要体现其存在价值，需要使用者来使用它；而要体现其完美的存在方式，则需要放置在最适合的建筑空间里。因此，家具无疑已成为建筑空间内外不可缺少甚至非常重要的一部分，其设计的关键点已经从个体家具的表达转入到如何与空间和谐的表达中来。在这一点上，国外很早就有了较完善的认识和广泛应用，将使用者、建筑空间和家具产品三者有机地融合起来，进行整体设计。而我国虽然从古代开始，家具设计就与建筑空间设计紧密联系，但却由于在后来特定历史条件和背景的影响下，没有得到很好的继承和发扬，致使家具和建筑在形成比较成熟的体系后，在各自的领域中相对独立，并没有形成系统的衔接点，所以造成了彼此自成体系的现状。如何让家具与建筑空间更好的衔接自如、和谐一体？如何让家具拥有更多的创新性以适应多元化建筑空间设计的发展趋势？我们试从其依靠与建筑空间千丝万缕的联系来拓展家具设计的创新思考，以期能设计出更切实际、更具功能性、更具人性化的家具作品。为家具设计师提供设计思路，为家具企业提供研发参考，同时也为中国家具产品设计开发的健康发展铺路架桥。

第一节　关于家具设计的一般思路及存在问题

一、从实用功能出发

家具和建筑一样从本质而言，是为了使用。这作为各类型家具的基本功能，已经勿庸致疑。家具要实用，首先必须符合人们的使用条件，满足使用者的舒适要求（图1.1）。如支撑人体的家具必须符合人体的形态特征，适应人体的生理条件，对不同的场所的家具还必须满足不同的使用要求，提供使用方便；其次，必须保证家具结构稳定和具有足够的强度，并充分估计到产品的材料运用和结构方式有可能产生的变形，在材料选择和结构设计时采取相应的措施克服。可见，家具既要舒适耐用又要稳固可靠，离不开与使用者相关的尺寸问题，从实用功能出发的设计思路，实质上就是从基础尺寸出发的设计思路。

基础尺寸是设计师根据家具的常规规范给出的一种标准尺寸，这个相对的标准尺寸也是根据人体标准尺度来规范的。作为家具而言更加是和人的生活息息相关的产品，日常生活中我们不可缺失家具的使用。同时，家具要给人的生活提供更好的舒适便利，那么家具设计的尺寸就至关重要（图1.2）。

家具功能尺寸的要求，首先必须与人体尺度及人体动作尺度相一致，并确切掌握各种类型家具的尺寸及规律。

问题一：事实上，人体尺度的衡量相对单一固定，而人体动作尺度却是丰富多样的，并且时刻变化着。设计师掌握了人体工学数据后能轻松地整合出较为科学的设计方案，却很难对不同人群的感性行为进行把握，它没有唯一标准。这就要求设计师在尊重一定程度的尺寸数据的同时，需要更为细致地，体贴地设计多样可变的功能，以满足更为人性化的使用者与使用对象之间的互动；其次，在设计贮存类家具时，确定其功能尺寸，除开考虑使用者的尺度，还必须确定相应存放物品，以及它的存放方式，包括存放条件、需求的频率和使用要求。如电视机柜，除了应具备散热条件外，还必须符合电视机的使用条件，便于观看的调整。因而这类家具产品在高度、宽度、深度及搁板高度的尺寸设计上，会有与人体相对应的尺寸要求提供参考。

问题二：事实上，人们对各种物品的存放形式，会产生许多不同思维，这与其社会环境的变化，生活条件差异，生活习性不同有关。是需要家具内部拥有大空间尺寸，还是仅仅需要合理布局而已；是需要多品种的共同存放，还是只需要物品的单一存放；是需要能防尘防灰，还是要求通风条件好。类似这样的问题会左右设计师抉择，这需要深入调查使用者的要求倾向和家具所处的空间条件，以明确这类家具产品具体的设计方向。

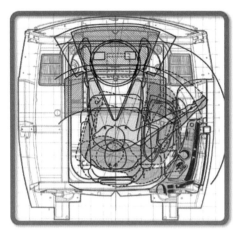

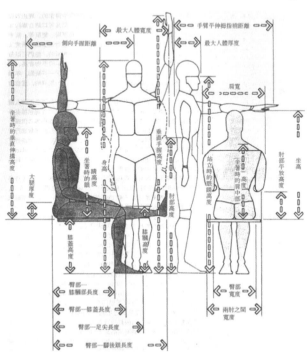

图1.1 根据人体活动的不同动作而产生尺寸

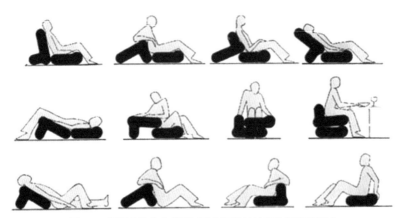

图1.2 根据人体产生的不同动作而设计的多功能坐具模式

二、从审美功能出发

美观和实用一样，也是构成家具功能要素之一。从整体外观造型到细部结构处理，都需要附以适当的艺术性，而这些艺术效果无非是通过独特的造型元素组织，赏心悦目的色彩选择，不同材质的精致搭配以及精湛的制作工艺，运用形式美规律，如对称、均衡、和谐、对比、节奏、比例、变化、统一节奏等艺术法则达到的。获得一种充分体现其功能特性的艺术式样，已成为当代家具市场中，艺术审美价值的体现，同时也是提升家具产品价值最为关键的因素。

通过各种艺术性表现出的造型形式，往往被界定成风格。例如正在流行的欧式风格和中式风格等。可见成为风格的表现力是非常稳固的，极不容易被突破，对使用者和设计师而言，都充满极大的挑战性。首先，越来越成熟的使用者在选择将要使用的家具之前会理性地根据居家空间的需要甚至格调来要求家具。其次，使用者的性格习惯也会影响到居家空间风格形态。

问题三：风格典型的家具会被风格典型或风格类似的空间环境所相中被使用上（图1.3、图1.4），而对于许多功能或风格都不明朗的空间而言，人们对空间中所需要配置的任何陈设，包括家具都是不确定的，这反而给

图 1.3　法国凡尔赛宫的会客厅场景和家具陈设　　图 1.4　法国凡尔赛宫的会客厅场景和家具陈设

了设计师和使用者更多的发挥遐想的创造力，并通过各种表现手法来确立家具设计的风格，以此来影响或左右家具所在空间的氛围，甚至是风格。其次，越来越多的设计师更希望通过观察使用者来决定设计方向，依据就是使用者和使用者将要使用的家具产品所存在的那个建筑空间，空间里所有确定与不确定的因素都对创意有所启示。

　　问题四：抛开了家具产品所在的适合与不适合的空间来谈家具设计的创新表现，往往更容易偏向于艺术品的纯视觉性，家具产品本身的功能使命会被淡化并失去意义。艺术表现是多样的，同样艺术效果就是丰富的。在无限却又有限的建筑空间中，来寻找家具的表现，既能为家具设计提供可靠的参照依据，又能明确其设计方向。

第二节　研究家具与建筑空间关系的现实意义

一、家具是建筑空间中的重要内容

　　从形式而论，家具仅仅被当作建筑内外空间在造型艺术的延伸与扩展；从功能而论，家具完成了建筑空间中对功能诉求的满足，也形成了人在使用空间时的主要界面。

　　人们时时刻刻需要借助建设空间来进行工作和生活，并因工作和生活的需要来配置相关不同类型的家具。卧室有卧室家具，起居室有起居室家具（图1.5），厨房有适合烹饪的家具，公司企业里有办公家具，公共场所中有公共家具。人们慎重地根据所处空间的大小和功能要求选择家具的种类和件数，因此，家具成为了建筑空间中人们最为依赖的主要陈设物。很难想象工作和生活在缺少家具的建筑空间里将会带来怎样的不便和视觉上的乏味，相反，有时建筑空间设计并非真正能满足使用者的需求，而家具作为空间的延续和人们使用空间时的界面，能发挥其最大限度的形式和功能上的弥补作用，如果家具设置得当，功能齐备，不仅能使一般的空间增色不少，同时也能改善和美化人们的生活环境让人身心愉悦，还能提高工作和休息的效率。可见，家具的最大价值最终是在人们活动的空间中得以体现的。

图1.5　法国凡尔赛宫的书房场景和家具陈设

二、家具适合建筑空间的多元多义性

建筑空间（图1.6）是一个多元多义的概念，是复杂事物的综合体。空间是万物存在的基本形式，是物质存在的广延性和并存的秩序，是各种事物活动并存的"环境"，空间和时间与物质不可分离。对于空间的理解不能仅仅停留在物质性和精神性两个方面，应涉及哲学、伦理、艺术、科学、民族、地域、经济等多个方面。建筑空间设计是满足个性化需求体现，设计多样化的设计新理念，也可以通过创造室内空间环境并为人服务。因此只有完全地理解和掌握空间知识，才有可能拥有一个开阔的视野去把握多元多义情况下家具设计的方向。

图 1.6 法国凡尔赛宫的室内入口场景

建筑空间的多元多义性表现在以下几个方面：

1. 空间创造需要科学、哲学、艺术的综合

建筑空间的设计必须充分考虑材料、结构、技术以及经济等因素，必须按照科学的规律和自然的法则，确定一个合理的、科学的、经济的最佳方案。空间设计除了满足使用功能外，还应考虑人的活动规律、道德观念、风俗习惯、价值观念和社会行为规范等，按人性标准来设计一个符合社会行为，道德规范等的空间，这体现了空间设计的哲学范畴。同时，建筑空间又是需要依靠形式来表现内容的，这就需要艺术的创造力，用材料通过点、线、面、体的处理，创造有意味的形式，用符合形式美的规律和符合人的审美特征和情感表现的手段创造一个直观的具有艺术魅力的空间形态。

2. 空间设计的物化过程是多主体的社会行为

建筑空间设计不是个人行为。从确立设计概念开始到设计方案审批、

计划实施直至最后的使用和管理，需要经过许多人的参与合作才能最后完成。多样综合的社会行为贯穿于整个设计开始至完成的全过程中，并留下相应的痕迹。由此可见，综合多种条件要求进行设计规划，最终呈现在空间中的符号和信息必定会是多元化的。

3. 对空间理解的模糊性特征

空间是以其形态来表达它的意义和内涵的，在现实生活中的形态，千姿百态、无以计数。世界上存在的有机物或无机物的形态类型是多种多样的，对形态进行一定的归纳整理，对于建筑空间形态的分析是有必要性的。

因此，同一形体可以产生几种或多种认识和理解，而同一内容也可以有多种表现形式，这是建筑空间通过抽象形态表现的特点。建筑空间的形式表达不是一个确定的"约束性的"信息，而是以一种模糊的语言，凭感觉去感受的"非约束性的"信息，它所表达的信息具有很大的模糊性。正是由于它的这一特点，空间艺术才可能使人产生更大的想象，使设计师或使用者共同地参与到这种创造之中。

由此可见，建筑空间的多元多义性，决定了其复杂的内涵和外延，同时也给予了空间中家具设计的一种参照系，其设计势必要融合空间中呈现出的科学性、哲学性和艺术性，并将人的社会行为贯穿于整个设计过程，以此来表达接近准确的空间概念。这为家具设计的多元化设计思路拓展提供了依据。

第三节　从家具与建筑空间关系中拓展家具设计思路的可行性

人们同时使用着建筑空间和处于空间里的家具，在维系家具与建筑空间的关系时，使用者起到了至关重要的作用，不可避免地决定着空间中的一切，包括家具。因而研究家具与建筑空间的关系，也就是研究使用者使用建筑空间和使用空间中家具的种种体验。对家具设计思路的拓展而言则应涉及与建筑空间诸多相关因素，特别是与使用者有关的使用过程。以下一些问题的提出对于接下来的研究和总结具有非常重要的指导意义，它将为进行家具设计思路的拓展研究提供线索：

①家具能满足使用者哪些使用要求？

②家具能符合使用者怎样的使用行为？

③家具的功能是否与多元化建筑空间的功能相匹配？

④家具的造型是否与多元化建筑空间的风格相和谐？

第二章 中西方古代建筑与家具设计中的构思原理研究

第一节 中国古代建筑空间机能的完善对家具设计的影响

  家具，作为一种物质文化，是不同民族，不同时代，不同地理气候，不同制作技巧，不同生活方式的反映。家具作为一种生活常用用具，在我国的历史悠久，中国家具的产生可追溯到新石器时代，经过夏、商、周到春秋战国（图2.1），至先秦两汉、魏晋南北朝、隋唐（图2.2）五代、宋（图2.3）元（图2.4），一直到明代发展到中国古典家具的颠峰时期。最开始的时候人类都习惯性的席地而坐，后来为了满足人们日常生活的需要，出现了席、案、几等低矮型生活用具。随后出现低矮型的家具，这一时期的家具大多数是色彩绚烂、造型古朴、用料天然、质地浑厚、结构简洁。两晋、南北朝至隋唐开始出现出现高柜与桌案家具，家具造型简明、线条流畅、朴实大方、更注意装饰效果。宋元时期，家具造型的结构变化较大，讲究结构与比例的合理有序，风格特点有点和现代日式风格类似，在台湾家具中还见痕迹。家具的鼎盛时期是明清时期，基本定格为高型红木家具，如传统家具的精粹明式家具（图2.5），富贵雍容的清式家具（图2.6）。明代家具达到了东方家具的巅峰，而清代家具数量增大，过分注重雕饰而自成一格。

  中国古代传统家具走着一条与西方家具迥然不同的道路，形成了一种工艺精湛，不轻易装饰，与建筑空间浑然天成的东方家具体系，在世界家具发展史上独树一帜。家具制作在中国古代是归于建筑业领域，古人称建筑业为营造，直到现在，我国台湾地区也多用"营造"一词，营造分大木作（图2.7）和小木作，其中小木作指的就是家具制作。可见，建筑与家具同出一处，之间相互影响的因素众多，自古有"房子"才有"家"，有"家"才有"家具"，这个道理在中国源远流长的古代家具文化中，甚为瞩目。

图 2.1　战国时期透雕座屏，彩绘凭几和漆案

唐代绘画中的宝座（卢楞伽《六尊者像》）

唐代绘画中的家具花纹和挂件装饰
上：《纨扇仕女图》中的坐凳
下：卢楞伽《六尊者像》中的椅子

图 2.2　唐代家具绘画中的宝座，家具装饰花纹和挂件

图 2.3　宋代的木桌、木椅（出土明器）

图 2.4　元代的墓室壁画中的方桌（左）、元代墓出土的陶明器条案（右）

图 2.5　明式榉木矮南官帽椅　　　　　图 2.6　清中期紫檀有束腰带托泥镶珐琅宝座

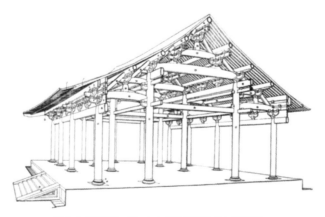

图 2.7《营造法式》大木作制度示意图（厅堂）

一、建筑空间的高度变化直接影响家具形体变化

中国木结构建筑技术的成熟。中国建筑是世界上最早出现原始框架结构的建筑，它与欧洲建筑的根本区别就在于材料的不同，欧洲建筑（图 2.8）善用石料，而中国建筑（图 2.9）却青睐木材。由于木材具有结构材料必备的良好性能，其物理性能具有有效的抗压、抗弯和抗拉特性，特别是抗压和抗弯时具有很强的塑性，加工极为方便，同时又具备自重轻的特点，所以塑造了千变万化、多姿多彩的中国木构架建筑。这种用于大木作上的木工技术借鉴使用在家具等小木作的工艺技巧上，变得游刃有余，并影响了传统家具的变化与发展。以下分为四个时期来平行研究木构建筑技术的逐步成熟对家具的演变产生的作用及影响。

图 2.8　德国海德堡城堡　　　　　　　图 2.9　唐代山西五台山寺庙建筑

1. 远古时期的夯土台式建筑与低矮家具

据《考工记》记载得知，夏商时期的建筑木构架基本上是由杆栏式与夯土台相结合。当时的建筑大多是木构架结构，土坯墙、茅草屋顶。那时还不会烧制砖瓦，木构架基本上也是栏杆式与夯土台相结合。木构架建筑到了西周的晚期在技术上才有较大的进步；到了战国时期，各国的夯土台建筑盛行（图 2.10），并开始结构复杂化，空间功能区分明确。这一时期的夯土台建筑主要是解决木构架不发达的问题，由于木材加工工具和木结构技术方面的局限，除开木材之外，席工艺、青铜工艺反而在更多家具类

型中得以广泛运用，由此拉开了低矮家具的序幕。

2．秦汉时期的木构架建筑与漆木家具

参照大量的汉画像砖以及出土的陶屋等，我们可以看到秦时的建筑已出现斗拱，但高度不是太高。由于一批新的铸铁工具——斧、锯、锥、凿的出现，木结构技术有了显著的提高（图 2.11），其榫卯结构更为精良，为在建筑上营造更复杂的结构提供了可行性。同时，铁制工具在家具制作中的使用，提高了加工的精度，加快了制作周期，并使木质家具的加工变得简便起来，随着木构建筑技术和制漆工艺的发展（图 2.12，图 2.13），为漆木家具的崛起带来了勃勃生机。家具的品种、造型、使用方式、制作工艺和装饰手法均发生了明显改观。

图 2.10 出土的夯土台式建筑

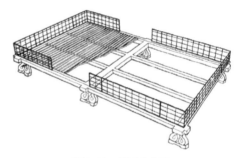

图 2.11 战国大木床

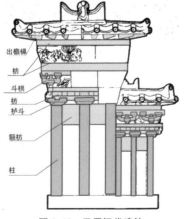

图 2.12 巴蜀汉代建筑

图 2.13 西汉马王堆出土长方形粉彩漆奁

3．唐宋时期木构架建筑的模数制与组合家具

中国建筑发展到唐宋已经达到了全盛时期，木构架建筑解决了大面积、大体量的技术问题，抛弃了汉代以高土台为核心，四周包围大空间的建筑手法。木结构开始高度化、复杂化，其加工更趋于合理性与统一性。宋《营造法式》中记载着大木作已形成一套成熟的做法，表明建筑的木构架技术开始迈进成熟。这一时期，运用于家具制作上的木结构工艺也相应变得成熟起来，其功能更加齐全，品种更加丰富。传统的凭几、矮足案、几和地面坐席等已逐渐被淘汰，造型新颖的高桌、高案、靠背椅、交椅、凳、墩和与之相适应的高足花几、盆架、书架、衣架及橱、格等，已成为室内陈设的重要组成部分；传统的床、榻、箱、柜和屏风类也趋于高大，这些家具形体的改观都得益于木结构技术的进一步发展和完善。

值得提及的是，到了宋代，古典的模数制成熟，建筑开始出现尺寸的规格化。家具设计也出现了新的变化，南宋的《燕几图》（图 2.14）这本中国第一部家具设计专著，创造出了中国家具史上第一个组合家具设计图，它按一定比例，制作成大、中、小三种可组合的家具，集合理性、科学性、趣味性于一体，开创了世界组合家具的先河。由于史料有限，无法考证《燕几图》中的组合家具设计出现的合理比例关系及科学数据是否受到当时建筑模数制的启发，但至少影响是有的（图 2.15）。

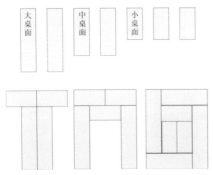

图 2.14　《燕几图》大中小三种桌面及组合形式

图 2.15　可以自由变化组合的七巧套桌

4. 明清时期木构架建筑技术的完善与明式家具

中国建筑发展到明清时期，由宋的舒展开朗过渡为明清的严谨稳重，建筑技术趋于完美，由此也带来了高超的家具制作工艺和精美绝伦的艺术造型。明代家具达到了制造工艺和艺术造型的巅峰，并成就了中国家具史上的经典——明式家具（图2.16）。明式家具的特点是造型优美，选材考究，制作精细，明式家具是汉族家具文化风格的代表，装饰精微，雕饰精美，散发出汉民族传统文化的精神、气质、神韵。明式家具在结构上基本仍沿用中国古代木构架建筑的框架结构方式，其制作方法与独具风格的木结构建筑一脉相承：方、圆立脚如柱；横档、掌子似梁；又档交接牙子加固，整体上采用适当的收分，使家具稳定使用的同时又形成了优美的立体轮廓。相对于前代而言，木构架中榫的种类也更加丰富，并创造了明榫、闷榫、格角榫、半榫、长短榫、燕尾榫、夹头榫以及"攒边"技法，霸王枨、罗锅枨等多种结构形式，既丰富了家具造型，又使家具变得坚固耐用。这些精美加固的结构成为明清家具中最为亮眼的细节。

人们生活习俗的逐渐演变。维持人类正常生活的基本要素是衣、食、住、

图2.16　明黄花梨四出头官帽椅

行，而进食和休息是人类得以生存的本能。最初的家具首先是人类的作息用具，它的出现与人类居住方式密切相关。

从洞穴生活开始，人类逐渐掌握结草成席、缝皮成衣、纳叶集羽成褥等工艺，以编织席褥为代表的早期家具。随后大概为了防止虫害侵体或者是为了防潮，继而用木杆或竹竿为坐架从而发展为卧具，这就是人们生活中家具的雏形。这便成为人类改善"室内"生活的第一步。在以席地起居为特征的中国封建社会前期，最主要的坐卧用具是席、床、榻，且较低矮。由于当时以平坐、盘坐和跪坐为主，腰部容易疲劳，于是便出现了减轻腰部压力的凭靠用具——凭几，《西京杂记》中有："汉制天子玉几，冬则加绨锦其上，谓之绨几，公侯皆以竹木为几，冬则以细罽为稿以凭之。"可见凭几因社会地位不同，陈设方式也是有区别的。继而又出现了一些适合席地而坐生活方式的相关低矮家具（图2.17）。但随着建筑技术的发展，房屋建筑越来越宏伟，室内空间也逐渐地宽敞起来，仅供坐卧的席及其他简单的陈设家具已远不能满足人们的心理和生理需求。经过唐至五代时期的家具变革之后，以垂足而坐为特点的"胡式"起居方式率先在宫廷、都市中流行开来，并很快扩散到周围地区，直至全国。这是由西域的北方游牧民族传入中原的，这种起居方式由宫廷开始蔓延开来，《事物纪原》说："汉灵帝好胡服，景师作胡床，此盖其始也，今交椅（图2.18）是也。"

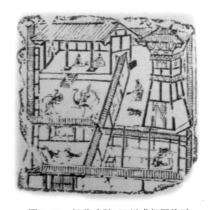

图2.17 汉代庭院 四川成都画像砖

图2.18 明黄花梨交椅

可见一斑。传统的席地起居的生活方式逐步过渡为垂足起居的生活方式，也正因为这种新的起居生活方式的确立，极大地促进了唐代之后的家具形制、种类及室内陈设的各种变革，与这一新的生活方式相适应的高型家具便得到了飞速的发展，并逐渐壮大。

两宋（图2.19）之后，人们的起居方式已完全进入了垂足而坐的时代。人们的活动中心也由以床为中心渐渐向地上转移，并最终形成以桌椅为中心的生活习俗，从而也促使家具的尺度逐渐增高，同时也形成了家具组合的新格局，并导致更多家具品种的更新换代。特别是明式家具的出现，明式家具椅凳的高度特别符合人体在使用时的舒适原则，落座时腿脚能完全自然落地，摒弃了唐宋两代较矮的坐面，充分体现了人性化设计的因素。由此看来，人们生活习俗的变更对与生活密切相关的家具形式变化的影响是巨大的，且具有决定作用。

由于中国特有的梁架结构的建筑框架形式，不仅使得建筑空间逐步宽阔高大，让人们的生活习俗因此发生变化，并影响到家具的造型变化；同时也为木家具形制提供了成熟的结构工艺基础，形成独特的结构框架式家具类型，成为世界家具发展史上最值得研究和最具参考价值的家具类型。

图2.19 宋代 高形坐具

二、建筑空间的结构特性直接影响新的家具形态的创造

　　中国传统木建筑不同于古希腊、古罗马建筑的厚墙、石梁板、石柱的承重性能，由于是从榫卯的穿插结构演变成为构架承重方式的框架结构，因而不仅能使建筑变得高大起来，改善了室内的通风和采光，而且在日益高大的建筑空间内部，衍生出许多用于塑造空间和分割空间的重要构件，如屏风、博古架等，以弥补木构架建筑空间中不严密的结构，这些属于陈设性家具范畴的类型，也渐渐在这样特殊的结构空间中成为新的家具形态，功能逐步完善，造型逐渐完美。

　　屏风的历史悠久，早在战国时代以前就已出现，它起源于西汉，流行于两宋和明清，其品种多样，应用十分广泛，有"凡厅堂居室加设屏风"之说。从汉代开始，屏风已由单屏发展到四至六扇拼合的曲扇，且经常与茵席镇、床榻结合使用，可分可合、灵活多变且功能性极强，不仅可以用于挡风，而且在室内空间中还起着重新划分空间和突出中心地位的作用。到了唐代，随着高足家具的兴起，屏风逐渐高大，高大的屏风可以形成一个围合的私密空间，因而在生活中占据重要地位。屏风发展到明代（图2.20），种类的变化不是很明显，但其作用已发生明显变化：挡风避尘的作用逐渐消失，取而代之的则是室内空间隔断体的装饰性；在使用布置上，也更加灵活多样。有的专设在宫殿大堂之中，以营造一种庄严肃穆的气氛；有的用于床榻之后，起到很好的装饰作用；也有的放在书斋之内，起到隔断空间的效果，大大增加了室内空间的可利用率。由此可见，屏风这种新形式的出现，弥补了中国古代传统建筑结构的不严密性，不仅具备挡风功效，又起到了分割空间的作用，满足人们对室内空间不同功能的需求，这是在西方古代石材建筑空间中很难发现的家具品种。

　　另一种极具文化艺术品位的陈设性家具——博古架（图2.21），同样具有实用和审美装饰的双重价值，因而深受历代各阶层人们所喜爱。其分割优美，比例多变，构图均衡得体，往往能巧妙地结合空间结构，设置成最丰富多变又独具一格的隔断造型。相比屏风而言，它更具备自

图 2.20　明唐寅《琴棋书画人物屏》

图 2.21　清楠木博古架

由灵活地与空间完美结合，且不受空间限制的特性。这些本身因空间结构变化而产生的新家具造型，同样也具备了中国传统古建筑空间的灵活性和通透性特征，与古建筑空间浑然一体。这一点更让我相信，家具不仅只是空间中能有序组织空间的个体，更是建筑的一部分，甚至比建筑更灵活多变和自由。

三、建筑内外空间成熟发展促进家具功能的完善

1. 家具结合不同居室空间进行设计

家具发展到清代，品种繁多，分类详尽，功能更为明确。其中，按建筑室内空间来打造家具成为新的时尚，尤其是皇室宫廷和富绅府第，往往把家具作为室内设计的重要组成部分，常常在建造房屋时，就根据建筑物的进深、开间和使用要求，考虑家具的种类、式样、尺度等进行成套的配制。在厅堂、卧室、书斋等不同功能的居室空间中，家具的设计呈现出较为固

图 2.22 故宫乾清宫宝座

定的组合模式，和较为丰富的装饰手法，并将不同空间中的基础功能要求和主人的独特个人品味结合起来，丰富和发展了家具造型形式。清代的建筑趋向于讲究对称、稳重和开阔的特点，与建筑风格相匹配的家具，也表现出对称、稳重的气势，并结合时代的步伐和地域文化的特征，形成了自己的新风格，例如出现的京式、苏式、广式家具。北京地区生产的京式家具（图 2.22），一方面，由于皇宫大殿和内宫的建筑空间环境隆重而气派，家具则需要有厚重的体量和架势，故常设计制作一些特殊功能的品种和式样；另一方面，统治者的奢侈生活喜欢高贵、华丽和雕琢，使硬木家具显得五彩缤纷、富丽堂皇，加之充足的财力、物力和人力，一味崇尚精细繁华、光怪陆离的效果，使宫廷家具无论是重材质、施巧工，都到了无以复加的地步。而在江南地区独特的自然环境、风俗习惯、社会结构、经济生活和文化艺术土壤中孕育产生的苏式家具则与其同存的建筑一样温文尔雅、俊秀经济，并较多地保留了中国古典家具的传统形式。广式家具因受西方文化的影响，在继承明式家具传统格式的基础上，又大胆吸收了西方豪华、奔放、高雅、华贵的特点，并与西式建筑相适应，自成一派，形成了独特的风格。

2.园林建筑的发展拉近家具与建筑空间的关系

明清时期（图2.23），园林建筑的发展更加拉近了家具与建筑内外空间的关系，并促进了家具功能的完善，即出现成套家具的概念。随着经济的繁荣，住宅建筑和园林建筑得到了较大的发展及提高。由于室内空间大面积开窗或设置隔扇，可以使室内外空间互相连通渗透，特别是把室外空间之庭园、景物引入室内，以丰富空间的变化。在空间变化的处理上，住宅为呆板的左右对称形式，而园林则与之相反，为自然变化的形式，对环境能善于配合如一。对应这一特征，室内空间里家具的摆置呈严格的左右对称形式，并趋于程式化和固定化，成套家具也因此有了较大的发展空间。例如，厅堂内必备八个茶几，十六把椅子，或一个高桌、八把椅等成套配搭的家具。与对称排列的家具相配置的盆景、字画或其他陈设品却不是严格的左右对称，更多以自由的形式出现，并穿插其中。园林建筑空间的陈设是文人士大夫文化的艺术载体。他们追求雅致的审美情趣以及生活理念，他们同样将这些情趣与理念赋予园林室内所陈设的家具（图2.24）。他们非常看重与自然的关系、追求情感与物的融合，简洁、精致、优雅、天人合一。他们通过装饰将这些特点逐一展现，这并不是单纯的装饰堆砌，而是从材料、意境、文化上把握，更完美的融合。从而选用甚至设计不同的家具，按照不同的功能要求，讲究家具的成套配置，厅堂、楼阁等，皆配上相得益彰的陈设以及家具，不但注意规格和造型的统一，而且还要与室内的整体色调相统一。

图2.23　苏州园林狮子林

图2.24　苏州留园林泉耆硕之馆内景布置

如何将周正的室内空间配置得如园林般妙趣横生？花几的出现及其多变的造型为室内空间凭添了许多入诗入画的景观。因花几在室内室外均可陈设，故在造型和制作要求上多随环境而异。大致说来，室内花几以典雅古朴见长，造型一般比较圆正规范，旨在与其他家具形成和谐的布局；室外花几则灵活多变，用材亦不限于竹木，其造型常能与盆景和山石花草等取得相映成趣的效果。

3. 家具的放置结合空间风水学说

长久以来，东方人一直认为"环境就是我们的生活方式"。在中国传统的住宅风水学中，认为居住环境的好坏，对人类的体质和智力发展均有重大影响。风水学显然非常注重这一点，清人范宜宾为《葬书》作注云："无水则风到而气散，有水则气止而风无，故风水二字为地学之最，而其中以得水之地为上等，以藏风之地为次等。"这就是说，风水是古代有关生气的术语。现在在环境的选址上，判断房屋的方位上，以及家具陈设的摆放上都贯穿着"藏风得水"的基本原理，且具备因地制宜的协调原则，以满足受制约条件下的生活要求。将这一部分的科学成分继承下来，是值得在现代空间设计中借鉴的。

从发展较为成熟的明清时期的建筑空间中，可以看到在传统古建筑中，家具适应建筑空间适应人类活动的一些合理布置的要求（图 2.25）。

图 2.25　明代成套家具

其一，考虑家具布置，必须考虑空间的体形，尺寸是否合适，门窗位置是否欠妥。鉴于实际使用的复杂性，一些较大尺寸的家具，例如：床、榻、几案、太师椅等布置时所受限制较大，因为是居室空间中的主要家具，所以尽管居室空间的开间、进深尺寸的决定涉及许多因素，都应首先尽可能选择有利于这些较大型家具存放位置的尺寸。一旦布置好方位，这些大尺寸家具基本上是较为固定的，不轻易变动，因而家具看上去与建筑空间结合得较为得当。一些小尺寸的家具，例如：几类、桌类可较为灵活使用，并与大尺寸家具协调配置，在居室空间中成为活泼、生动的元素。

其二，居室空间中的门窗的开设位置对家具的布置和使用影响较大。一般的原则是窗尽可能在居室外墙上居中布置，门则应靠角布置；有多个门时，应使其尽量靠近，使交通路线尽可能简捷和少占使用面积。因此，对家具的布置须以满足通畅自如的交通为基础。另一方面，门窗讲究开设方向，是为了保持室内足够的新鲜空气和良好的自然采光，是保证人在居室中生活的必备条件。因而从风水学的科学角度出发，空间里家具的摆放方向、体量大小，是否通透都会直接影响到室内空间的通风采光效果，进而产生对人的生理和心理的不同影响。

本节小结：

综观中国传统建筑空间与家具的处理艺术，可以看出古人讲究功能、结构和艺术形式统一的实用精神。重视意境，赋予物质构成的空间及环境以精神功能，用结构及构造部件的物质表现，寓意统一构成建筑环境的各种手段，形成人文环境的相融性。通过上述分析，可以总结以下几点家具设计思路：

①家具的体量、形态需要以所处建筑空间为尺寸标准，但不是绝对标准。现代空间在现代建筑技术进步的基础上，越变越高大，特别是一些公共建筑空间，事实上，空间中的家具产品并不因此变得又宽又大，反而呈现多元化趋势，究其原因，这种多元化的表现更多来自使用者的尺度概念、生活习惯、动作行为等直接或间接的影响。

②设计与制作新的家具款式可以以弥补室内空间的不足为理由，或为

契机，以丰富和功能化空间为目的。

③建筑内外空间的相得益彰，是家具产品无论在形式或功能上趋于和谐的基础。拓展家具产品的新形式和新功能的设计思路，可将建筑内外空间连贯起来，纳入考虑范围。

④鉴于传统风水学说中的科学、客观、合理的成分，运用在现代空间设计和家具设计中，并成为设计过程中考虑的前提，让作品更具功能考究和人文深度等特点。

第二节　西方古代家具风格与建筑风格的趋同性

建筑的发展始于文明之初，家具的发展也就随之展开。在大量的考古学发现中，我们能够确认西方每一历史阶段的家具风格都保留着与同时代建筑风格的一致性。当然，在中国古代时期也呈现同样的情况，在这里以西方作为主要研究对象。在欧洲这块古老的土地上，家具的历史与人类的历史一样漫长、精彩。有一点要知道的是，欧式家具在发展历史上，都或多或少地吸收了东方的文化元素。两河流域是人类文明的源头，欧洲"十字军"东征带回的不仅仅是战利品，更重要的是带回了东方的文明与艺术元素。而不同文化产生了不同种类的建筑，同时也派生了不同造型的家具。起初是不同的气候条件，继而是不同的宗教信仰和经济体系，通过使用当地最容易得到的材料，逐渐塑造出不同的"传统"和具有地方特色的建筑风格。认识这些地方性的建筑以及关于发生期间的日常生活，是我们对在特定建筑环境中会产生怎样的家具形态的一种基本理解。

一、建筑风格直接决定家具形式

通过研究西方古代建筑风格的演变过程，我们能清晰地分辨出家具风格的演变是紧随建筑风格脉络的，并与之融为一体。处于建筑空间中的家具设计不仅融入了建筑设计理念，并且直接采用建筑设计的小细节或保持与建筑整体感观上的一致性，体现在以下两方面：

1. 装饰

装饰内容和装饰手法的通用使得同时代的家具与建筑达到了完美的统一。从古埃及推崇倍至的神鹰、眼镜蛇的纹饰到文艺复兴时期热衷的极具透视法的装饰性绘画（图 2.26）；从 13~16 世纪弥漫着宗教气息的带叶卷饰的小尖塔和火焰纹饰的奇特风格到 1799~1815 年间进入严格的以几何构图为主导的新古典装饰的帝国风格。家具的装饰运用一贯保持着与建筑装饰的一致性。当一种新的装饰出现，并被大量采用时，一种新风格就此确定，而这种新的风格又无一例外地渗透到了建筑和家具设计中的每一个细节，家具的造型往往变成了小体积的建筑，一个浓缩的小建筑。

图 2.26　欧洲文艺复兴时期的家具装饰

2. 工艺

使用在建筑上的工艺技巧与使用在家具制造上的要求如出一辙。可以这么说，在建筑设计领域一旦出现先进的工艺，是很容易被借鉴到家具制造当中的。例如，古希腊建筑中众多的柱形设计与当时的家具设计中的腿形设计都赋予了同样或相似的创意表达，在家具腿形的设计中讲究比例，想必是来自建筑设计中理性比例美的启发（图 2.27）；同时，古希腊人在建筑柱形的制作实践中，创造了相应的工具来制造比例优美的圆柱形，这一成果帮助了希腊人在公元前 7 世纪就学会了车削技术，并把它合理地运用到制作比例优美的家具作品中。再如拜占庭风格时期，建筑设计上传承了罗马帝国时期刺绣般的雕刻技术和中东地区的马赛克工艺（图 2.28）。而这些工艺技巧又被直接运用到宝座、读经台、桌子等豪华家具类型中。同样的情况在中国古代传统建筑和家具设计中也出现，比如雕刻工艺、漆艺等技巧同时运用在建筑和家具设计上。

图 2.27 12 世纪大理石镶嵌的罗马主教宝座

图 2.28 圣魏塔莱教堂的拜占庭柱头

二、精彩的古典建筑空间中的家具角色

相比中国古代建筑空间中家具的重要地位，西方古典时期讲究的是以精彩的建筑为主导，家具以陈设性的辅助角色出现在相应不同功能的建筑

空间里，以依衬建筑为目的，这也是造成家具风格趋同于建筑风格的重要原因。

1. 宫廷建筑空间中的家具

从古埃及、古希腊文明开始，巨大坚硬的石材造就了西方古代宫廷建筑高耸、庞大、威严、华贵的气度（图2.29）。由于在不同历史时期会出现不同的社会思想意识和宗教观念，受其影响，人们会把一些思想观念融贯于家具造型中。特别是西方古埃及的家具是非常重视思想观念装饰的，而且用于装饰的材料和装饰手段很多，题材内容极具古埃及文化宗教的特色。在气势庞大的宫廷建筑空间里，人们有意识地采用艺术夸张的手法，扩大家具中某些零部件的相对尺寸，以塑造建筑空间浑厚、庄严、雄伟的气势。例如，中外帝王的宝座（图2.30，图2.31），欧洲中世纪的教皇使

图2.29　迈诺斯王宫御座大殿，公元前1600年

图2.30　故宫太和殿金漆龙纹宝座陈设

图2.31　故宫太和殿陈设

用的靠椅都是比例特殊，非同一般的。运用家具设计的夸张处理来衬托建筑空间的辉宏，并在风格处理上趋于一致，这是中西方宫廷建筑中家具设计共同的指导思想。

2. 民用建筑空间中的家具

民用建筑的空间相对于宫廷建筑而言，是相对缩小的。民用家具受到时代风格的影响，呈现出与宫廷家具相似的装饰风格，只在体量与结构上，更趋于轻巧和简化（图 2.32）。特别是 17 世纪的巴洛克时期，家具变得庞大而复杂，为了增扩使用空间，常用的做法是将房间的中央空出来，不放置家具或靠墙放置或收纳起来，使用时再搬出去。影响这样做法的原因很多，其中包括当时女性篷裙的影响，为了不妨碍行走，在建筑空间内容纳家具的地方要尽量减少，以便腾出更多可供走动的空间来，当然更重要的是，古代西方人崇拜建筑设计的热度绝对胜过家具制造，家具除了完成基础功能之外，也只能是精彩建筑里的一个配角。

图 2.32　宁芬堡，慕尼黑，公元 1734~1739

本节小结：

尽管西方古代家具的发展不及建筑那样精彩，但它同样至始至终与建筑空间完美的结合，并以一种趋同性的方式存在。西方古代家具还是注重以人为中心的，空间与自然都受着人的支配。这种紧密的关系一直影响到西方现代设计运动萌起之时。通过以上分析，可以从西方古代建筑与家具的关系中总结以下几点家具设计思路：

①使家具造型在建筑空间中达到与建筑的和谐统一，运用统一的装饰风格不失为一种最容易的方式。加之工艺技术的推进，家具制造与设计也随着建筑技术的进步而逐渐丰富。纵观西方古代文明，其中古希腊、古罗马风格，经常会被借用到以后的风格当中，演变成其他风格，可见其价值，也足见其装饰的耐用性。在接踵不断的装饰风格的更替变化中，把握对装饰最恰当的运用是最重要的，也正如贡布里希（E.H.Gombrich）所认为的"单调的图案难以吸引人们的注意力，过于复杂的图案则会使我们的知觉系统负荷过重而停止对它进行观赏"。由此可见，在家具或建筑上运用的装饰，过与不及都不可取，适当最重要，而恰当的装饰又一直是现代设计师们孜孜不倦所追求的。

②西方古典建筑多采用"砌筑结构"建造的建筑方法，石材和砖是主要的建筑材料，因此古典建筑会显现出厚重、宏伟的感观，陈设于空间中的古典家具也会略显宏大、沉稳；而现代建筑则在混凝土、钢铁、平板玻璃的构架下使用"柱梁结构"和"围护结构"建造的建筑手法，使现代建筑变得结构灵活，也因此改变了现代家具的组构方式，变化出丰富的材质，结构的搭配，这更多是同时代工艺技术要求所反映出的共同面貌。

③家具的体量大小和设置方式由建筑空间决定的因素较大，却不能因此而忽视人在被各类家具分割了的空间中进行方便、流畅的动作行为，例如行走、使用。综合来自空间和人的各项因素，家具的造型形式，体量位置的设计将"有章可循"，达到有效利用空间的目的，该是家具在建筑空间中应起的积极作用。

第三章 20世纪西方建筑思潮对现代家具设计的影响

第一节 家具与建筑空间的一体化设计

在19世纪末到20世纪初的西方建筑中，混凝土、钢材、平板玻璃开始逐步取代从前的砖石材料，并以独立支撑结构和围护结构方式塑造了灵活多变的建筑空间。这种建筑空间可塑性极强，因此也促进了室内陈设设计和家具设计的发展。设计师们纷纷把目光从传统的建筑墙面装饰设计转向以建筑空间环境为主体的设计，并开始注重室内陈设、家具之间的完美统一，以创造和谐、宁静及有文化趣味的整体空间氛围。这时的家具也成为装饰设计的主角，大都为配合建筑室内空间的设计风格而量身定做，使其在使用功能与装饰功能方面，能与空间环境交相辉映并趋于一体化。

一、威廉·莫里斯（William Morris. 英国）

威廉·莫里斯(William Morris, 1834~1896)是英国19世纪后半期杰出的艺术家、设计师、诗人、早期社会主义活动家及自学成才的工匠，同时又是英国社会主义运动的先驱者之一。莫里斯在现代设计史上有着重要地位，他之所以被称为"现代设计之父"，更多的是因为其设计思想的现代性而不是其具体设计实践所体现的内容。威廉·莫里斯的设计思想可概括为三个方面，即：

①产品设计和建筑设计是为千千万万的人服务的，而不是为少数人的活动；

②设计工作必须是集体的活动，而不是个体劳动；

③实用技术与美的结合。

这两个原则都在后来的现代主义设计中得到发扬光大。虽然莫里斯的设计实践与其设计思想之间不能完全对应，甚至有时是相反的，但不能否认的是其设计思想的现代性："艺术为大众服务，而不是为少数人的活动"强调了民主，这是现代设计最重要的原则之一；"设计工作必须是集体的活动，而不是个体劳动"强调了工作者的劳动状态，这是对人性的关怀，对现在的设计发展仍具有警示意义，此外强调了艺术与技术的结合，这个思想奠定了现代设计发展模式的基础，莫里斯公司的工作室制度在后来的包豪斯体系甚至当下的设计教育中仍被沿用；"实用技术与美的结合"是莫里斯在实践领域的行动力体现，在实践中，莫里斯十分强调"实用"和"美"的结合，这对于后来的现代设计注重实用、经济和美观的功能主义审美思想，具有重要的启迪作用。威廉·莫里斯感到社会上对于好的设计为大众对设计的广泛需求，他希望能够为大众提供设计服务，为社会提供真正的好的设计，改变设计中流行的矫揉造作方式，反对维多利亚风格的垄断，也抵御来势汹汹的工业化风格。威廉·莫里斯也时刻关心生活和文化之间的关系，也坚持把设计理论与设计实践紧密相连。威廉·莫里斯对于生活与文化实践是他的新婚住宅"红屋"的装修（图3.1），在设计过程中，他将程式化的自然图案、手工艺制作、中世纪的道德与社会观念和视觉上的简洁融合在了一起。对于形式、或者说装饰与功能关系，装饰应强调形式和功能，而不是去掩盖它们。可以说他是现代设计史上为数不多的既能够从事大量系统的设计实践，又能够在理论上建树颇深的人，他可谓是设计师里面的思想家。

图 3.1 莫里斯设计的"红屋"空间装饰

图 3.2 莫里斯设计的家具及空间装饰

　　简朴和坚固是威廉·莫里斯对于空间的理想，他的家具设计和整个建筑内所有的空间布置都被回归成英国乡村小屋式的简朴（图 3.2）。满墙、满地的具有紧凑感的、密集感的自然植物图案，与带有灯心草座位的椅子和坚实的栎木家具构成了极为和谐的、自然的生活气息。他的统一在于气氛营造和个体的和谐，并非完全是设计元素的一致。他倡导艺术美与艺术化生活的重要性，在其整体化的空间里得以体现。

二、麦金托什（Mackintosh. 苏格兰）

　　查尔斯·R·麦金托什 (Charles Rennie Mackintosh, 1868~1928) 是 19 世纪末 20 世纪初英国最重要的建筑师、设计师和艺术家。当时 19 世纪末正处于由工艺美术运动、新艺术运动以及装饰艺术运动向现代主义运动发展的启蒙阶段，麦金托什被誉为现代设计的先驱人物之一，在设计史上起着承上启下的作用和意义。他在英国的设计中独树一帜，当时"新艺术"运动设计主流是主张曲线、主张自然主义的装饰动机，反对用直线和几何造型，反对黑白色彩计划，反对机械和工业化生产；而麦金托什则代表另一个方向，主张直线，主张简单的几何造型，讲究黑白等中性色彩计划。并对奥地利的设计改革运动维也纳"分离派"Secession 产生了重要影响。虽然麦金托什和维也纳"分离派" 成员在很多方面都与新艺术运动相呼应，不少设计史家也将他们划入新艺术的范畴。但与别的新艺术流派相比，他们的设计更接近于现代主义。"青春风格"几何因素的形式构图，在他们手中进一步简化成了直线和方格，这预示着机器美学的出现。他的探索也恰恰为机械化、批量化、工业化的形式奠定了可能的基础。

　　麦金托什设计的家具（图 3.3）与他的建筑（图 3.4）同样自信、同样独创。运用在建筑和家具中的抽象装饰与一些类似于玫瑰色的复杂而贵重的颜色，在垂直的直线和轻度的曲线中相协调并臻于完美。他认为设计思维的一个最为重要的特点就是强调整体研究的重要性和必要性。他的作品把对建筑的理性思考同个人的艺术表现力结合在一起，使建筑内部空间首次被优先考虑，并以此决定建筑风格。他的家具设计也打破了传统的思维

图 3.3　麦金托什的家具、灯具、室内设计　　　图 3.4　麦金托什设计的格拉斯哥艺术学院建筑

模式，运用规整的几何形体，突出简约与时尚韵味，并达到与他设计的建筑、建筑空间浑然一体的整体效果（图 3.5）。这种一体化是装饰元素的统一运用，造型元素的相互呼应，色彩元素的协调配置的集中体现。值得提到的是，麦金托什也是一位能借用设计家具来界定和划分空间并有效利用空间的设计大师，在他出色的格拉斯哥艺术学院的建筑空间和家具设计过程中，能切实地遵循他的理论原则："室内是家具的延伸，建筑则是室内的延伸。"笔者在以后的文字中还将提及并详细分析。

三、安东尼•高迪（Antoni Gaudi. 西班牙）

安东尼•高迪•克尔内特（Antoni Gaudi Cornet, 1852~1926），西班牙"加泰隆现代主义"（Catalan Modernisme, 属于新艺术运动，与 20 世纪初的现代主义并不相同）建筑家，为新艺术运动的代表性人物之一。安东尼•高迪以独特的建筑艺术称荣，在巴塞罗那，几乎所有最具盛名的建筑物都出自他一人之手，被称作巴塞罗那建筑史上最前卫、最疯狂的建筑艺术家。高迪认为大自然界是没有直线存在的，直线属于人类，而曲线才属于上帝，因此他依据于自然理论建成的建筑作品始终令人眼睛发亮，在百多年后的今天却丝毫没有古老之感。高迪在他的职业生涯中从未停止对建筑结构独特性的研究。在早期，高迪是通过历史主义建筑理论家，如沃尔特佩特，约翰•罗斯金与威廉•莫里斯来研究获取灵感。这些大多来自于东方艺术

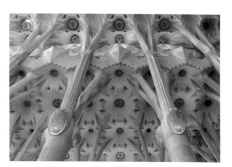

图 3.5　麦金托什的室内空间设计　　　　　图 3.6　圣家堂的室内空间设计

（印度，波斯，日本）。受东方运动的影响，早期是所谓的"摩尔风格"阶段，在这个阶段其作品具有强烈的阿拉伯建筑特点。后来，他坚持在当时的新哥特式的运动中，继承法国建筑师维奥莱特·乐德的想法。这种影响体现在阿斯托加的教主宫，屋顶高耸、两侧尖塔都显示着哥特风格建筑特点。最终，高迪从中年开始逐渐摆脱了单纯哥特风格，并逐渐走出自己的风格道路，其作品具有有机特征及神秘传奇色彩，更加的个性化，与大自然一样，他的主要作品具备了有机的风格，此外还有许多具有强烈的寓意及象征性的装饰图案。标志着他的个人风格形成的作品即是举世闻名的巴特罗公寓，以及后来高迪全身心投入的杰作圣家堂 (Basílica de la Sagrada Família)（图 3.6），教堂的地下室和后殿，依然为哥特式风格，其余部分被构思为有机的风格，模仿自然的形状和其丰富的直纹曲面，他打算内饰用类似于森林、象树的分支，形式上使用螺旋斜柱，营造出简单而坚固完美的结构，构建和谐的审美快感。巴塞罗那可以说是属于高迪的，圣家堂是建筑师高迪得力巨作之一，在高迪去世之时都没有完工，不过他把设计图纸留了下来，预计 2020 年能够建成。圣家堂的确是全世界少有的天马行空的惊世之作，在巴塞任何一个地方都能看到它的角落。高迪以他离奇的想象以及狂热的宗教热情，用砖瓦玻璃和钢筋水泥铸造出了各式各样的立体建筑。

　　天才的安东尼·高迪在他的建筑设计和家具设计中，既让人颇感意外却又协调统一在他独特的个人风格之中（图 3.7，图 3.8）。在他独一无二的建筑作品里，我们看到了同样独特的家具作品。他的家具设计在相应的建筑空间内是唯一的，由此提高了家具与建筑空间的极端统一性，家具非常明确地成为建筑空间整体设计的组成部分，他借用许多生动的装饰要素在家具（图 3.9）里，窗户、大门、走廊，甚至建筑外墙，都趋于一种不可思议的流畅和动感中，让人叹服。

图 3.7　Batllo 住宅正面，1904~1906 年

图 3.8　Batllo 住宅室内空间陈设

图 3.9　安东尼高迪的家具作品

四、弗兰克·赖特（Frank Lloyd Wright. 美国）

弗兰克·劳埃德·赖特（1867~1959）生于美国威斯康星州的 Richland Center，是美国建筑师，室内设计师，作家和教育家，设计了超过 1000 个建筑设计，其中 500 多个设计已经完成。赖特从小就生长在威斯康星州峡谷的大自然环境之中，在农场，赖特过起了日出而作，日落而居的生活。他在向大自然索取的艰苦劳动过程中了解土地，感悟到蕴藏在四季之中的神秘的力量和潜在的生命流，体会到了自然固有的旋律和节奏。赖特认为住宅不仅要合理安排卧室、起居室、餐橱、浴厕和书房使之便利日常生活，而且更重要的是增强家庭的凝聚力，他的这一认识使他在新的住宅设计中把火炉置于住宅的核心位置，使它成为必不可少但又十分自然的场所。同样，赖特的观念和方法影响到了他的建筑设计，赖特认为，在设计上，必须让人类与其居住环境和谐共处。赖特，一位更加彻底地强调建筑、室内、家具、灯具、地毯等全局设计统一化的设计师，他标榜一切以建筑设计为中心，尤其偏重于从形式上，让家具与建筑的室内外协调的空间设计观念。他更是提出了"有机建筑"这一整体设计的理论（图 3.10），把建筑看成是有生命的，处在连续不断地发展进程之中的有机整体。局部与整体要像整体与局部的统一一样，重要的是"有机"这个词的真正含义。赖特认为只有当一切都是局部对整体如同整体对局部一样时，我们才可以说有机体是一个活的东西；只有所有建筑的组成部分包括装修、悬挂物、地毯、家具等都保持同一类特征时，建筑才真正具有生命力。所以在他的作品中，建筑空间设计及其中的家具设计都相互衔接得非常好，可以说是天衣无缝。有机建筑是将建筑融合成一个为人类服务的有机整体，而有机设计其实就是指的这个综合性、功能主义的含义。围绕有机建筑，赖特提出六个原则，即：①简练应该是艺术性的检验标准；②建筑设计应该风格多种多样，好像人类一样；③建筑应该与它的环境协调，他说："一个建筑应该看起来是从那里成长出来的，并且与周围的环境和谐一致。"④建筑的色彩应该和它所在的环境一致，也就是说从环境中采取建筑色彩因素；⑤建筑材料本质的表达；⑥建筑中精神的统一和完整性。阐述这种观点最好的作品就是著名的流水别墅（1935 年）（图 3.11），坐落于美国宾夕法尼亚州匹兹堡东南方的森林里。

在美国的城市规划方面他的眼光也很独特。他的创作时期跨度超过 70 年。他的作品包括许多建筑类型，高楼林立，包括办公室、教堂、学校、酒店和博物馆。赖特还设计了许多他的建筑的内饰元素，如家具和彩色玻璃。赖特写了 20 本书和大量文章，是美国和欧洲流行的设计讲师。赖特在 1991 年被美国建筑师学会评为"有史以来最伟大的美国建筑师"。

赖特的一生经历了一个摸索建立空间意义和它的表达，从由实体转向空间，从静态空间到流动和连续空间，再发展到四度的序列展开的动态空间，最后达到戏剧性的空间。

图 3.10　赖特设计的 Hollyhock House

图 3.11 流水别墅的室内空间设计

五、艾里尔·沙里宁（Eliel Saarinen. 芬兰）

艾里尔·沙里宁(1910~1961)生于芬兰艺术家家庭，父亲是建筑师，母亲是雕塑家。艾里尔·沙里宁是 20 世纪中叶美国最有创造性的建筑师之一。沙里宁的的作品，可以说是适合于多元化的现今，沙里宁成为美国新一代有机功能主义的建筑大师和家具设计大师。他设计的美国杰斐逊国家纪念碑、纽约肯尼迪国际机场、美国杜勒斯国际机场都成为有机功能主义的里程碑代表建筑。他在"有机家具"的设计也非常突出，"马铃薯片椅子"（Potato Chair）、"子宫椅子"(Womb Chair)、"郁金香椅子"(pedestal Chip) 都是 20 世纪 50 年代至 60 年代最杰出的家具作品。通过这些椅子的设计，沙里宁把有机形式和现代功能结合起来，他是将建筑的功能与艺术效果真正完美结合的建筑家，开创了有机现代主义的设计新途径。

艾里尔·沙里宁在要求家具与建筑空间的设计上充满整体感的基础同时，更要求其功能、装饰与人情味的完美结合，他的装饰元素和人情味以其芬兰民族的浪漫主义风格再现，使本国人民或是他国人民都倍感亲切，以体现北欧学派的精髓（图 3.12）。

图 3.12　艾里尔·沙里宁设计的家具与室内空间

本节小结：

①在设计建筑及其空间的时候，同时设计家具陈设，并运用相似的装饰语言和手法，是现代主义运动初期绝大多数设计师处理建筑室内空间与家具一体化的惯用手法。

②相比工业革命之前的设计师或工匠们，第一代现代家具设计大师们注意到了家具能够成为空间中自由、灵活的媒介，能影响到整个空间的气氛甚至人的情感。

③只有处理好家具与建筑空间，家具与家具，家具与陈设之间的关系，才能使每一件家具在建筑空间环境中，能各得其所，各有所用，从而创造出一种具有独特个性风格的环境氛围。

④虽然设计大师们在处理手法和装饰元素运用等方面各不相同，却都是各自表达最具魅力的独到手法，值得参考与借鉴。

第二节　建筑空间设计的理念运用于家具设计

现代主义家具设计大师们除开考虑家具与建筑的和谐性外，有了更多在功能性上的思考，及在革新材料和结构技术上的试验，甚至有着非常明确的设计理念作指导，他们对待建筑设计的理念几乎完全用在了家具设计上。例如：

1. 风格派设计大师里特维德（G.T.Rietveld），格里特·托马斯·里特维德(1888~1964)是荷兰家具设计师和建筑师。一位名为风格派的荷兰艺术运动的主要成员，里特维德的成名作是红蓝椅（图3.13）和施罗德住宅，都被列为联合国教科文组织世界遗产。里特维德在1928年接触"风格派"，并将该体系结构转变为更实用主义风格，他关心的是保障性住房，廉价的生产方法，新材料，预制和标准化。里特维德说"结构应服务于构件间的协调，以保证各个构件的独立与完整。这样，整体就可以自由和清晰地竖立在空间中，形式就能从材料中抽象出来。"里特维德在这一设计中创造的空间结构可以说是一种开放性的结构，这种开放性指向了一种"总体性"，一种抽离了材料的形式上的整体性。

里特维德所设计的家具作品红蓝椅和建筑作品施罗德住宅，完全体现了"风格派"的美学内涵：坚持单体的相对独立性，和各结构组成部分的相关性，以及整体的合理性和逻辑性。以施罗德住宅建筑和其内的家具设

图3.13　里特维德的红蓝椅

计为例（图3.14），可以说，施罗德住宅建筑的本身就是一种对空间的体验，由直线和平面互相穿插生成的立面上，代表着一种空间的连续性，而不是封闭的边界，它被拓展到更广的大环境中。在建筑内部，围绕中央楼梯的空间里，设置了固定的坐椅和活动家具，它们构成了流通变化，经济高效的生活空间。空间在此得到最充分的利用，不仅体现在内部，而且体现在周边。每一部分都完全适合它所服务的功能目的。每一个角落、窗或门附近都安装了许多坐凳、壁橱、凹龛和隔板，这些设置都毫不令人注意地融入家具之中。实际上，我们只更多注意到了这幢建筑表现得若隐若现的面与线和难以捉摸的原色与黑色的搭配，而忽略了试图从内向外延伸的内空间，凸出的阳台面和墙体形成适宜停留的外空间，并形成了正确结合的内外空间关系。

2.因第一次应用新材料——弯曲钢管制作了瓦西里椅而名垂史册的家具设计大师布劳耶 (Marcel Breuer)，马塞尔·布劳耶 (1902~1981)，是一位出生于匈牙利的现代主义建筑师和家具设计师。布劳耶他在包豪斯(图3.15)

图3.14　施罗德住宅建筑内外空间中的坐具

的木工工作室开发的建筑结构变成了个人设计的架构，使他在 20 世纪设计的高峰期成为世界上最流行的建筑师之一。布劳耶在美国主要从事住宅设计，1938~1960 年与格罗皮乌斯合作在马萨诸塞州坎布里奇市设计过一些住宅，把包豪斯的国际式与新英格兰地方风格融为一体，简洁、明快、新颖，对当时美国的传统建筑观念是一次突破，对美国各地的住宅建筑很有影响。布劳耶的作品风格严谨，功能组织简洁，细部简明完整，注意利用材料的对比，有明确的特征和一贯性。他巧妙地在自然关系中处理木、石材料，形成其独特的风格。布劳耶相信工业化大生产，努力与家具与建筑部件的规范化与标准化，是一位真正的功能主义和现代设计的先驱。

在布劳耶长久的设计生涯中，对待建筑设计与家具设计的理念是完全一致的。他认为"只有通过简洁手法，家具才能更完美的具备多功能性，以适应现代生活多方面的活动"，家具造型的简洁轻便和建筑造型的简单几何相互对应着。由此看得出他在包豪斯学习和跟随现代主义大师学习的积累以及对柯布西耶"机械美学"的深刻领悟。而同时，外观简洁的家具被他尝试着给予不同材料的搭配，使得家具更为舒适和美观，同样在建筑设计上，布劳耶尝试将不同的建筑材料如木料、石料给予恰当的理解并合理使用，改变了现代主义千篇一律采用钢筋混凝土结构的设计方式，使现代形式具备本土色彩，因而受到欢迎，同时也让我们看到了逐步发展的布劳耶的设计魅力（图 3.16）。

图 3.15 Bauhaus 校舍建筑

图 3.16 布劳耶设计的弯曲钢管与玻璃材质的桌椅

3. 对斯堪的纳维亚风格具有重大影响和贡献的设计大师阿尔瓦•阿尔托（Alvar Aalto, 1898~1976）是芬兰建筑师和设计师，以及雕塑家和画家，他的作品包括建筑、家具、纺织品和玻璃器皿。阿尔托的早期的职业生涯是在芬兰经济的快速增长和工业化时期（20 世纪上半叶），他的职业生涯的跨度，从 20 世纪 20 年代到 70 年代，体现在他多变的设计风格，北欧古典主义风格，理性的国际风格的现代主义，从 20 世纪 40 年代起的有机现代主义风格。他的家具设计被认为是北欧现代主义风格的代表，他的设计不只是建筑，对内部表面、家具、灯具和玻璃器皿都有涉猎。

阿尔瓦•阿尔托对设计与人，设计与自然的关系极为敏感和关注。在他设计的建筑和家具作品中，我们能感受到多样性和非标准化的、非庸俗化的真实感人的人情味道以及有机功能的组合表现力，他的设计理念是：设计的个体与整体是互相联系的，椅子与墙面，墙面与建筑结构都是不可分开的有机组成部分，而建筑是自然的一个部分，因而通过他的设计作品表现出了建筑与家具最为自然的关系。这种下意识的处理方式具体体现在以下的几个方面：

其一，他乐于挑战，试图解决不寻常的实际设计问题。

为帕米奥疗养院设计著名的"帕米奥椅"（图 3.17），简洁、轻便又充满雕塑美，其靠背上部的三条开口并不全为装饰而用，是为病者提供的

图 3.17　著名的"帕米奥椅"

通气口，此处是人体与家具最直接接触的部位，也是为不便挪动的病者解决的最实际的问题。同样在他的建筑设计中经常出现并采用的大尺寸的顶部圆筒形照明孔，一方面能够引入日光；另一方面是黑夜时的人造光源，真正减少了人们因日落早而造成的心理压抑感。这些聪明而周到的设计，是阿尔托最为真实体贴的人性化体现。

其二，他非常重视家具设计的连续性。

阿尔托认为一种设计不可能一次就能够成熟，总有可改进之处，至少可以变换多种不同的面貌。家具设计可运用不同色彩，不同材料以促进新的需要，并尽量满足建筑空间的变化并与之协调。

其三，他强调工业化生产的同时重视细节调整，从而适合于各种使用场合。

1935年阿尔托设计的三腿椅获得专利，这件作品的面板与承足的结合方法非常干净利落，既可以满足大批量工业化生产的需求，也可依具体场合的使用需要对其尺度、比例进行调整，亦可加上或高或低的靠背形成普通椅或酒吧椅，而这种靠背与腿足的连接也同样以螺钉直接结合，其构造体系完整统一（图3.18）。

4. 勒·柯布西耶 (Le Corbusier, 1887~1965)，是法国建筑师、设计师、画家、城市规划师、作家，现在被称为现代建筑的先驱者之一。他出生在

图3.18　阿尔托设计的 Viipuri 图书馆内的大尺寸顶部圆筒形照明孔和著名的三腿椅

瑞士，他的建筑遍布欧洲、印度和美洲。他致力于为拥挤的城市居民提供更好的生活条件，勒·柯布西耶的设计给城市规划带来巨大的影响力，是现代主义建筑的主要倡导者，机器美学的重要奠基人，被称为"现代建筑的旗手"，是功能主义建筑的泰斗，被称为"功能主义之父"。他和瓦尔特·格罗皮乌斯 (Walter Gropius)、路德维格·密斯·凡·德·罗 (Ludwig Mies van der Rohe，原名 Maria Ludwig Michael)、赖特 (Frank Lloyd Wright) 并称为"现代建筑派或国际形式建筑派的主要代表"。勒·柯布西耶的建筑思想可分为两个阶段：50 年代以前是合理主义、功能主义和国家样式的主要领袖，以 1929 年的萨伏伊别墅和 1945 年的马赛公寓为代表，许多建筑结构承重墙被钢筋水泥取代，而且建筑往往腾空于地面之上；50 年代以后勒·柯布西耶转向表现主义、后现代，朗香小教堂以其富有表现力的雕塑感和它独特的形式使建筑界为之震惊，完全背离了早期古典的语汇，这是现代人所建造的最令人难忘的建筑之一。在家具设计中，勒·柯布西耶则以豪华而舒适的钢管构架躺椅著称于世，几乎成为 20 年代优雅生活的象征。

勒·柯布西耶可以说是对当代生活影响最大的设计大师，在他众多的设计理念中，对于家具设计的指导最值得提倡的是，建筑内部空间应取消那些使之复杂化的家具，代之以"充当建筑一部分"的金属格架，用以顶替传统安排的家具，如大箱子、餐桌、大书柜之类的家具。因此室内空间 (图 3.19) 变得精炼简洁，而座椅和沙发都根据工业化批量生产的原则进行设计，

图 3.19　柯布西耶设计的 Church 住宅室内空间

图 3.20 贯穿"机械美学"思想的巴斯库兰椅

因而在视觉感观和实际使用上都很轻便，满足了大众在更多场所中的使用，如"巴斯库兰椅"（图 3.20）。可见在他设计的家具作品的灵感来源中，始终离不开贯彻在建筑设计中的"机械美学"思想。

本节小结：

①对于多功能的思考和在尝试新材料、新技术的过程中，现代建筑形式产生了剧烈的变化。这种变化影响了众多设计师进行家具设计的思路，甚至表现出与建筑设计类似的设计理念来。

②在很大程度上，设计思路的一致性必然导致设计结果趋于一种统一，更何况，对于建筑和家具设计这两种有着千丝万缕的设计而言。

第三节 人的需要成为家具与建筑空间设计的开始

二战后，设计大师们则更加注重个性表达，在处理建筑空间和家具的关系问题上，将人的因素摆在最重要的地位。他们同样也会考虑有机统一，也强调功能，但人的需要因素（包括生理和心理）则成为一切设计的开始。

1. 不限于任何流派的"依姆斯美学"强调一切设计都从实际出发。如设计一把椅子,查尔斯·依姆斯(Charles Emas, 1907~1978)是美国最杰出、最有影响的少数几个家具与室内设计大师之一(图 3.21)。他的设计受到芬兰建筑师伊利尔·沙里宁的影响,不过他还是坚持具有合乎科学与工业设计原则的结构、功能与外型,这一特征成为了他与之合作的米勒公司的设计特征,使米勒公司能在市场上立于不败之地。 1946 年,他采用多层夹板热压成型工艺设计的大众化廉价椅子是米勒公司在现代设计上的一次大转折,走向轻便化、大众化,并关注新材料及其制作工艺。 随后他以设计一系列平民化的廉价的椅子闻名,依姆斯对胶合板、玻璃、纤维材料,以及钢条、塑料等新材料很感兴趣,设计了多种形式的胶合板热压成型的家具,它简单、朴素、方便适用,成为销路最广的大众化产品。依姆斯是一个设计上的多面手,除从事产品设计外,还从事平面设计、展示设计与摄影等工作,他在自己的设计中设法把这些学科联系在一起,组成一种边缘学科式的工业设计。

查尔斯·依姆斯会考虑个人的需要,而后以自己的体会寻找答案。他对接触材料、选择材料情有独钟,并在各种材料的使用中深入探索一切结构细节。他所设计的家具范围极广,看起来似乎缺少风格上的连贯性,然

图 3.21　依姆斯夫妇设计的办公空间及家具

而依姆斯却强调每件作品的统一性和实用性，由此产生独特的设计态度。依姆斯设计的每件家具都非常经久适用，且完全为舒适而设计，并总能多功能地用于许多不同场合，居住空间、商业空间和办公空间。这种强调从实际出发，从考虑人的需要出发的家具设计与环境的友好性更强烈，这种以不变应万变的设计方式，也是本书将要研究的重点。

2. 能定义有机的雕塑式的设计语言的埃罗·沙里宁 (Eero Saarinen) 在国际主义风格盛行之时，独自突破刻板单调的密斯传统，开创了基于斯堪的纳维亚设计传统的有机功能主义风格，并通过他设计的大型建筑和相关家具体现出来（图 3.22，图 3.23）。对于家具与建筑空间的关系，他追求的是一种密切协调的关系，他认为家具应该与建筑环境协调、与建筑物空间内的每个细节相协调，同时他还将使用者也纳入到整个完整的视觉整体空间当中，与产品相互衬托。"一件椅子如果没有使用者坐上去，那将是不完整的"，他的理论做到了真正意义的有机统一，那就是将建筑、家具和它们的使用者三者密切相联。

3. 来自意大利的科伦波（Joe Colombo, 1930~1971），生于意大利米兰，是建筑师和工业设计师。科伦波的世界总是充满变化。早在 1971 年，这个来自意大利米兰的设计师就为他自己位于米兰 Argelati 大街上的住宅设计了一个多功能的夜舱，那个著名的敞篷床不仅有一个合上之后就可以形成一个私密舱体的明黄色舱盖；在高高立起的后背墙里还安装了收音机、

图 3.22　TWA 航空站肯尼迪国际机场建筑外观　　图 3.23　肯尼迪国际机场候机厅服务中心

电风扇、烟灰缸以及一个灯；在它的背面安装有一个镜子、一个梳妆台和一个集成的晴雨表。同年，以之为原型，科伦波继续深化他的设计思想把灵活、可调节的居住方式和对更小的空间的需求结合起来，产生了这个名为起居床 (Living Bed) 的家具。35 年之后，直到 2006 年，意大利家具制造商 Bernini 才把这个设计投入生产。

科伦波十分擅长塑料家具的设计，他设计的充满雕塑色彩的新型家具最大的特点是可以采用多种方式进行组合，以提供弹性极大、适用性极广的休闲姿势范围，由此反映出科伦波对室内空间弹性因素的特别在意。他认为空间应是弹性与有机的，不能由于家具设计使之变得死板而凝固，因而家具应尽可能拥有多用途性能，这是他早期的"组合家具"的设计理念。然而他最具前瞻性的创新设计，当数"一体化空间设计"，传统意义上的家具被替换成明确的功能单位，从而创造出一整套充满活力的多功能生活环境。1969 年米兰博览会上科伦波展出了"太空时代"航天舱式梦幻般的室内环境装备设计（图 3.24），1972 年在纽约现代艺术博物馆举行的"意大利：家庭产品新景观"的展览中，又推出的一种全新的整体家具生活居住机器，为未来的生活空间形式提出了超前的、灵活的方案。这让我们看到一种作为家具与空间互动的全新方式。

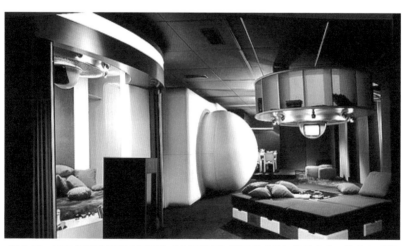

图 3.24　1969 年米兰博览会展出的"太空时代"航天舱式梦幻般的室内环境装备设计

本节小结：

①当单一的现代功能主义遭受批判时，无论建筑设计或是家具设计都呈现出多元化倾向。

②虽然设计师的个人表现力异常突出，但要求体现产品的人性化和亲和力却更为迫切。社会发展的平等性、公平性以及城市居住环境更加人性化，这些都深刻地影响了建筑与家具设计偏重的方向，家具产品积极地与建筑空间进行协调，并尽可能在空间里变得功能、舒适甚至灵活多变，以期满足日益成熟的使用者。

第四节　以多元化生活方式为中心以多元化建筑空间为基础的家具设计

当现代主义所倡导的功能主义已不再是设计界中唯一评判标准的时候，各种设计流派思潮纷纷亮出了确立在多元化生活方式背景下的设计标准，并重新对功能进行了全新的理解。

1. 埃托·索特萨斯（Ettore Sottsass，1917~2007）是20世纪晚期的意大利建筑师和设计师，80年代早期孟菲斯小组的创始人。他为奥利维蒂公司设计了一系列符号式的电器，就像漂亮的玻璃和陶器。他的设计作品包括家具、珠宝、玻璃、照明和办公设备等。在20世纪80年代的孟菲斯运动引起人们的重视，孟菲斯将Sottsass在60年代的实验（从superbox开始）的主题具体化。明亮的色彩、通俗的图形、廉价的材料（如压制塑料），这次他们作为设计行家抓住了媒体的目光，孟菲斯（这个名字来自Bob Dylan的一首歌）也被普遍认为是家具设计师。对那个时代的年轻设计师来说，孟菲斯是一盏明灯，把他们从枯燥的理性主义中解放出来，使他们采用一种更灵活，概念化的设计方法。孟菲斯（图3.25）的作品在世界各地展出。之后索特萨斯开始组建一个以他为主的设计咨询公司，他命名为索特萨斯Associati。该工作室成立于1980年，索特萨斯主要做一些建筑实践，还设计了精致的专卖店和展厅，还为Alessi公司设计，该工作室是

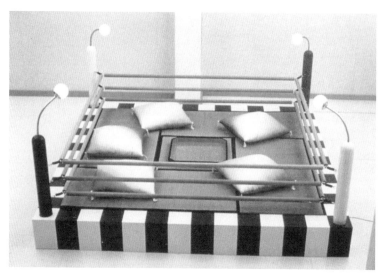

图 3.25　孟菲斯设计小组成员聚会的场所

基于索特萨斯的文化，他指导许多年轻同事继续维持工作室的工作，理念和文化。

也正如孟菲斯的领袖埃托•索特萨斯（Ettore Sottsass）所诠释的那样："功能是产品与生活间的一种可能的关系，设计师的责任不是实现功能而是发明功能"，"设计就是设计一种生活方式，因而设计没有确定性，只有可能性"如此等等。他反对一切唯功能论，并力图通过产品的再设计，寻找通往自由的、个性化的、生活化的设计道路。在设计中，他和他的孟菲斯成员很注意家具和日常用品与室内环境空间的关系，注意每一个局部与整体的紧密联系，甚至觉得改变每一小块地毯或每一处陈设都会对整体设计产生影响，因而使得他们所创造的家具产品与室内空间设计更符合他们所预期的生活方式，并带有强烈的个性化色彩。同时孟菲斯的设计师们把材料看作一种交流感情的媒介和自我表现的细胞，将一些独特的材料经过特殊设计运用于空间和家具设计上，既能张扬个性，又能体现生活品味。

2. 解构主义设计大师弗兰克•盖里（Frank Gehry，1929 至今）是一个加拿大出生的美国建筑师，居住在洛杉矶。他的一些建筑，包括他的私人住所，已成为世界著名的旅游景点。在 2010 年世界建筑调查中，给他标注为"我们这个时代最重要的建筑师"中最重要的作品之一。盖里的设计风格源自于晚期现代主义（late modernism），其中最著名的建筑（图 3.26），是位于西班牙毕尔巴鄂，有着钛金属屋顶的毕尔巴鄂古根汉美术馆（Museo Guggenheim Bilbao）。弗兰克·盖里广泛吸取着来自艺术界的抽象片断和城市环境等方面的零星补充。盖里的作品相当独特个性，他的大部分作品中很少掺杂社会化和意识形态的东西。他通常使用多角平面、倾斜的结构、倒转的形式以及多种物质形式并将视觉效果运用到图样中去。盖里常常使用断裂的几何图形以打破传统习俗，似乎对他而言，断裂意味着探索一种不明确的社会秩序。

弗兰克·盖里（Frank Gehry）在他的建筑和家具设计中创造了个性鲜明的独特风格。他的作品反映出对于现代主义总体性的怀疑，对于整体性的否定，对于部件个体的兴趣，以及对于不同材料的探索和尝试。以上所有的企图和思考，大概源于他对其客户的尊重，甚至是对于生活的尊重。

图 3.26　盖里设计的毕尔巴鄂古根海姆博物馆

图 3.27　盖里使用曲木条设计的椅子

在《GA》杂志访谈他的一段对话中，能看出他设计的出发点："一个设计计划一般开始于一个极其简单的形状，但客户不会喜欢它，他们需要更有机和更自由的设计"。所以在盖里的建筑作品和家具（图 3.27）作品中都充满了富有创造力的表现，希奇古怪且又亲切怡人。

3. 极简主义从 20 世纪 80 年代后期开始，直到现在仍未停下探索简洁之风的步伐。纵观当代家具与室内设计界，简约主义的领袖无疑当数法国设计师菲利浦·斯塔克（philippe-starck，1949 至今），20 世纪 80 年代室内、产品、工业和建筑设计家，他是我们这个时代最原始，最有创意的设计师之一。他获得了许多重要的肯定，如大奖赛的国家德拉创造工业公司和美国建筑师学会荣誉奖，他认为自己是"一位日本建筑师，美国的艺术总监，德国工业设计师，法国艺术总监，意大利家具设计师"。

菲利浦·斯塔克在全球设计界享有极高声望，与这名字同时出现的当然是一件件新奇古怪的设计作品（图 3.28）和冥顽搞笑的广告形象。他设计的作品几乎涵盖了现代人生活中所涉及的一切，从那举世惊绝的蜘蛛形

图 3.28 斯塔克为蒙德瑞恩酒店设计的酒吧空间及吧椅

的榨柠檬器，到法国总统密特朗的新居装饰；从微软的"starck"光电鼠标，到日本的朝日啤酒大厦；从让人摸不着头脑的"StarckPuma"运动鞋，到充满人文色彩的香港半岛酒店的 Felix 酒吧，一切都渗透了这位疯狂的、表现欲超强的设计师的非凡才能和脱俗的人格魅力。菲利浦·斯塔克认为自己是政治设计师，他曾经自嘲，"目前，我可能是唯一在尝试这一工作的人，姑且把它看成一种幼稚天真的尝试。"像他这样的政治设计师对自己作品的运用，如同编辑使用文章、政治家使用法律、歌唱家使用歌曲一样，为的是带来改变，传递颠覆和叛逆的信息。他的目的并不是要做一个综合某些文化符号的随波逐流者，而是要成为新符号、新象征的引领者。

菲利浦·斯塔克（philippe-starck）他的家具与室内设计都充满自己强烈的设计观念：强调环境氛围，具有可选择性。他的设计灵感不仅是作为个人艺术的偏向，更是源于人们的生活和工作，是与技术材料及社会紧密相联的。正如斯塔克所言："有多少家具，就有多少种完善恰当的形式来表现，这种设计语言直接与我们的社会生活、物质技术、设计思想相联系"。因此为人们提供他们自己选择生活方式的机会，是他的一种新的设计方式，以适应于不断更新的社会消费意识。无论是他的宾馆和餐厅的空间设计，还是与这些不同功能的空间相得益彰的家具设计，都让顾客看起来很亲切，尤其是环境气氛的烘托显得格外温馨和平易近人，看得出他在纯化结构，精简材料的同时尤为重视运用不同文化的观念和多样化设计语义的可能性。

本节小结：

①建筑空间设计和家具设计发展到现今，变得更为人性化，这种对人性化的注重不仅只体现在功能完善的状况下，在某种程度，更应显示出与人们生活息息相关的考虑上，包括来自使用者不同的使用倾向。

②一些新鲜的和具有独创的设计的产生，需要依靠设计师个人风格的发挥，更需要设计师从使用者的角度出发，体贴而明确地进行定位，设计师不仅要了解生活中的使用者，也要能够有效地去感应使用者，即不断对使用者提出新的价值观进行挑战。这是当下这个时代所迫切需要的，却不是每个设计师都能轻松做到的。

第四章 20 世纪中国家具设计发展的问题与对策

20 世纪的西方建筑思潮不断更新进步，不仅对现代家具设计起到指引方向的作用，也让家具设计自身的发展变得越来越成熟和系统。相比 20 世纪的中国建筑设计与家具设计的发展状况，是一方面深受西方思潮的影响，一方面又试图突围这种影响包围的努力结果，其发展的过程中问题迭出，而这些问题无疑是每一代中国设计师要面临的难题。

第一节 "海派风格"对中国家具设计发展方向的影响

鸦片战争以来到中华人民共和国成立前（约 1840~1949 年）这百余年的历史中，中国设计的发展进入大萧条时期，传统的建筑设计没有长足的进展，传统的家具艺术得不到广泛的交流和传播，以苏式、广式、京式为代表的明清家具迅速走向衰落。在资本主义的经济掠夺和文化入侵之后，中国的建筑和家具发展却步入到一个东西交融和双向发展的新时期。家具设计与制作的发展如同建筑的发展一样，保留着传统的工艺技术，又大胆地接受着许多前所未有的新样式的设计风格，这种现象对传统手工业造成了极大冲击，改变了中国社会传统的生活习惯和消费观念，无疑是影响中国家具品种、造型风格、家具用材以及结构、生产工业的最大因素，是中国家具从传统走向现代的起点，从形式变化到功能的进步。

对于家具影响较大的海派和海派风格，是近代中国流派纷呈的众多文化流派中独树一帜的流派风格。这种文化相比之下既不排斥西方文化，又形成自己的民族特色。海派风格是在 20 世纪初出现在上海，既与传统生活不同，又与上海本地文化发生融合，从而形成一种新的风格形态，故英文为"Shanghai style"。上海的海派设计风格（图 4.1）可谓是现代一个大

图 4.1　海派风格书房家具

胆的尝试，它的新味道也随处可见明显的文化气息。折衷融合中国传统文化与欧洲、美国和日本文化，今日海派风格被看作是标志性的，也是上海这个城市在其鼎盛时期的真实反映。

至于海派一词源出何时何处，时人说法不一。有人说，海派是与京派相对而言的，它源于清同光年间的京剧有京派、海派之别。可是追其溯源，海派一词始于道咸年间的上海中国画派。在海派风格影响下的海派风格的木家具在形式上仍保持较多的中国传统形制，而在局部渐渐混杂中西混合的雕饰，海派风格家具既是对中国传统风格家具的继承，同时也是对西方古典家具的继承。一般来说海派风格家具细分成"红木"、"白木"两类；红木——传统的硬木家具；白木——一般的硬杂木，以及后来出现的胶合板家具。海派风格家具采用中式传统的红木和传统雕刻技术来表现西方家具的造型与风格，选料比较考究，工艺精细，光亮如镜，改变传统红木家具，特别是清朝以来新的雕刻繁多的缺点。相比之下海派风格家具式样美观、灵动、大方，有西式家具造型的痕迹。

20世纪初到20世纪40年代，家具设计受到建筑空间的限制性和决定性的影响是软弱无力的，这种影响远远不及社会变革、生活方式突变所带来的巨大威力。值得提及的是，在混杂的"中西混合"的装饰风格影响下，家具始终保持着与建筑空间的和谐关系，或洋或土，或土洋结合。

一方面在"洋楼"和"洋风"式建筑影响了民间的建筑和装修的同时，中国传统式的居住空间也发生了改变。不少建筑采用西式客厅，西式家具和西式装饰陈设，一种中西融会，洋为中用的双重特色的新型家具——"海派家具"出现了，它不仅创造了变化的形式，增添了新的品种，而且在功能上取得了很大进步。气派与华贵以及更加合理的功能使得这类家具与大气恢宏、华丽十足的西式建筑相得益彰。另一方面，融合西方建筑与中国传统建筑特色创造的"新民族形式的建筑"设计在20世纪前期中国建筑设计领域占据了极为重要的位置。而与此同时，西方的建筑设计和艺术设计正面临一场重大的变革，从工艺美术运动到新艺术运动，从装饰艺术运动到现代主义设计运动，此起彼伏，高潮迭起。这种从传统到现代的转型，在当时的中国建筑设计和艺术设计领域也得到了反映，包括家具设计在内，虽不是主流变化，但出现了少数设计师正进行着现代化的尝试和努力。例如，著名的工艺美术大师张光宇先生在20世纪30年代设计的办公室（图4.2），具有如"包豪斯"般的功能性和机械性。同时期，王曼恪所设计的三用家具设计（图4.3）更体现出现代设计思维中的多功能、多需求、多变化的宗旨，让人惊叹！

图4.2　张光宇设计的办公室

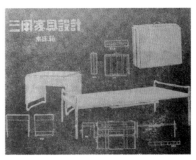

图4.3　王曼恪的三用家具设计

第二节 "套装概念"的延用状况以及利弊分析

中国现代家具的出现从建国后开始，而"海派风格"的影响力一直持续到 20 世纪 70 年代，并为更多的普通民众所接受。20 世纪 60~70 年代，由于中国特殊的社会背景，与外界隔离，加之物质生活水平低下，住房紧张，"适用，经济，在可能的条件下注意美观"，成为当时建筑设计的指导方针，在这种强调标准化，追求技术美的影响下，家具设计出现所谓"套装"的特色概念，即采用形式统一的手法。在当时的建筑内部空间里能用于发挥的余地甚少，家具设计只能趋向于简化造型，减少占据空间的部分，以释放更多空间可以用于活动或他用，因此家具尽量靠墙使用，并流行脚架造型，以利用底部空间。对于消费者而言使用"套装"的组合套装看起来很舒服，感觉更温馨一些，同时也节省采购的时间。直到我国实行改革开放以后，家具设计的造型多样化趋势也随着国内国外交流活跃而变得丰富多彩起来。现在随着智能家电（例如：家用扫地机器人）的普及，对于家具设计的腿架造型形式上，一般常用留出空间以方便家用扫地机器人清扫，这样也造成脚架造型的套装再次流行。这也说明"套装"概念在家具设计界中仍旧继续使用，只不过衍生成了更加符合现代企业与市场所需要的，追随国际水准的"中国式"理念。

其现状分析如下：

1. 中国家具生产企业从欧美国家借鉴了配套性的系列家具理念，已不再拘泥于六七十年代所谓的较为机械的"36 条腿"的标准（图 4.4），而是由过去品种单一的产品形式发展为以空间为单位的系列化家具组合类型，如卧房家具、客厅家具、儿童家具以及办公家具、宾馆家具、学校用家具等。如此配套感较强的家具类型在造型上，具备强烈的统一感和完整性，这在每年国内家具展会上各大家具企业所推出的系列完整、阵容庞大的家具新品中都能看到。

2. 从企业研发或邀请设计师开发产品的实际过程来看，绝大多数的企业需要设计师设计众多相关装饰风格的系列产品件数，以提供给挑剔的消

图 4.4　流行 36 条腿卧房套装家具

费者多种选择的可能，你可以选择 A 类设计也可以选择 B 类设计，而 AB 两类其实只是在细节变化上有所不同，整体风格是一致的。事实上，企业商家的出发点是好的，但对于设计师而言，却是变成了一种造型过于牵强，手法过于机械的补充性行为，真正对于设计而言的价值是甚微的。

鉴于以上的问题，对"套装概念"的延用进行了利弊分析：

首先，从空间需求的角度，派生出的配套性系列家具一直是国际潮流，可以说，配套性系列家具很好地完成了单一空间里或多空间组合状况下的功能诉求，同时也引领了某种生活方式，成为时尚。或许正因为这个重要性，配套性系列家具（图 4.5）的研发与生产仍在如火如荼的进行。但是在空间里过于机械统一，其实是对使用者造成视觉疲劳的一种挑战，为打破过于稳定的格局，加入生动活泼的，甚至是不同风格的小件家具，如椅子、小几，将会起到活跃整个空间氛围的作用。从一些国际设计大师的作品中，我们能轻松地看到这一巧妙做法，也正因如此，国外众多经典的椅类设计总是让人眼花缭乱，并且在恰当的空间里，椅类设计更能显示出它的重要性的地位来；而在国内，由于过分考虑系列家具的整体性，勉强添加共同元素的设计方法，会或多或少地放弃一些经典个体的表现和其独立存在的特质，因而独立家具的出现机会较之系列家具是少之又少，以致很难出精品。

图 4.5　以卧室空间为单位的系列化家具组合类型套装家具

　　其次，同样从空间需求的角度出发，越来越成熟的消费者会细心的挑选能适合自己居室空间大小、形状的家具产品。但事实上是，大量的家具企业多以标准化的模数大批量生产家具，很难做到非常吻合各家各户居室空间需求的家具，因为对于建筑空间，国际国内都不可能出现标准化的模式和统一的长宽高，要想做到绝对的量体裁衣，是具备高难度的。在此情况下，国内一批具备实力的家居装修公司开始涉足家具研发和制作，甚至生产，这在一定程度上，对传统型的家具企业施加了不少的市场压力。特别对于现在追求创意的80、90后而言，"套装"不能满足他们对于室内空间的自主搭配的需求。对一些仍旧沿用"套装概念"的家具企业是否也有些许的提醒：盲目地统一化在当下混合风格流行的阶段，是否应该要求设计师在讲究充足数量的前提下，在设计风格方面另谋出路；加强和谐感，不单只是机械的统一，在确立统一的风格之后，是否更多地考虑不同组合方式的自由度，以最大的可能性去适应千变万化的空间格局，并以此制造不同空间里的生活方式，等等。

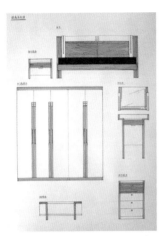

图4.6　笔者为华源轩家具集团"原野"套装系列设计的草图方案及实物

总之，"套装概念"（图4.6）的沿用是有利有弊，关键是如何把握在不同空间里，实现家具产品的统一与变化的和谐处理，而避免走向统一的极端。

鉴于以上对历史经验的总结和对现实状况的分析，下面的文字将试着探索在建筑空间中拓展家具设计的构思方法，以期望寻找一条合理有效的设计方法来帮助解决目前设计存在的问题，并以此来提高国内家具设计的水平。

第三节　新中式家具的兴起与设计探索

在新中国成立的初期，中国出现了一批优秀的建筑设计作品，它们试图延续中国传统建筑的辉煌，并用现代建筑设计语言加以表达。业内人士冠之以"新中式"建筑。这是"新中式"设计的开端。但毋庸讳言的是，在中国设计百废待兴的岁月里，这只是设计思潮中的一种，加之当时的时代也是中国从传统设计步入现代设计的过渡时期，人们很自然地认为这是中国现代建筑设计历史过程中"延续传统"的方式，甚至对它的"定义"

也只是一种"附和"。建筑大师梁思成早年提出了建筑风格"中而新"是上品、"西而新"为次、"中而古"再次、"西而古"是下品之下的设计理念。所谓"中而新"可理解为不割断中国传统历史文脉的当代创作设计之路。"中"是中华民族个性基因的呈现，"新"则代表规律而有序的现代艺术发展轨迹。"中"与"新"的有机结合，才能使建筑具有和而不同的艺术生命力。建筑设计如此，家具亦如此。

进入 21 世纪，随着中国的国力日渐强大，国人民族意识开始觉醒，在内心深处开始寻求民族的自我认同；人们重新开始意识到中国传统设计的重要性；新中式家具就是在这样的大环境中应运而生的。

新中式家具就是将中国传统家具与现代家具相融全，并且在某些方面具有创新性的家具。旧的传统家具虽然在功能上不能与现代人的生活方式相一致；但在用材、造型、装饰、工艺等方面值得现代家具设计借鉴学习。

传统是被历史所选择和确认的人类生活方式，中国传统家具是继承了包括北京宫廷家具、苏州红木家具、上海海派家具、广东酸枝木家具、山西榆木家具、云南镶嵌大理石家具、宁波骨嵌家具等类型家具的做法和式样的一类产品。

现代家具相对于传统而言，既包含了世界现代风格的家具，也包含了在现代化进程中产生的新品种与新功能等含义。

因此新中式就是传统家具的现代化和时尚化，是对传统家具赋予新的内容和新的形式，以便更能适应现代生活方式的需要；同时新中式又是对中国传统家具的传承，在赋予新生命的同时，它又必须通过对传统形式要素、结构要素、文化要素、艺术要素的简略、重组和传承，以保留中国传统家具的基因和可以识别的中式家具符号，使其具有中国血统而区别于欧美等其他民族和地区的家具。

新中式家具的研发思路一是在现代家具上做加法，如增加一些传统的结构要素和装饰符号；二是对传统家具做减法，以简略的方法删繁去累赘，以达到传统与现代的融合。如禅意家具（图 4.7）；木材品种的取代和现代工业材料的综合应用；结构的简化和拆装结构的应用；功能的扩展和新品类的研发；尺度的调整和人类工效学的应用（图 4.8）；装饰图案的简略与装饰部位的调整（图 4.9）；雕刻工艺的机械化与数码化；涂饰工艺的现代化与自动化；产品定制化与市场网络化等都是新中式产品开发的新思路。同一概念下的不同表述是新中式产品多样化的手段。

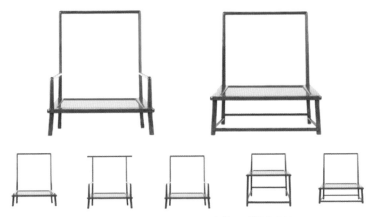

图 4.7　笔者设计的梅道人水禅系列禅意家具

图 4.8　库卡波罗设计的新中式扶手椅

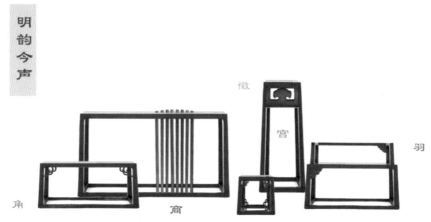

图 4.9　笔者为中山志成红木设计的明韵今声系列家具

　　新中式家具作为一种新风格类型的家具，其出现还需要历史的检验和使用者的评价，传统家具文化中的中式元素与现代家具中的各种新手法不仅没有产生矛盾，还非常有机地结合在了一起，现代设计多元化的发展趋势，决定了多重设计风格现象共处是不争的事实。但是由于新中式家具根基于我国五千年的历史文化中，注定了这一类型家具将继续发展向前；加之伴随"新中式"现象产生的还有现代性及时尚性，也决定了新中式家具艺术这一设计现象会有广阔的当代受众平台；同时也由于其多重表象都同现代紧密结合，更决定了它的时代适应性和自身变通性。

　　21 世纪全球文化大融合，设计师设计新中式家具作品时可以按照全球化、国际化、地域化的要求来整合中国特色的设计文化，吸收世界设计文化之长同时传承发展中国传统设计无疑具有极其重要的现实意义。

第五章 探索在建筑空间中拓展家具设计的构思方法

第一节 衡量空间尺度标准以把握家具的合理尺度感

尺度的概念，通常被人们不加区别地仅仅用来表示尺寸的大小。实际上，尺寸只是表示尺度感上的物理数据，尺度的概念应该表达一个设计的空间或建筑物是过大还是过小，更多是人们面对空间作用下的心理，以及更多的诉求，具有人性和社会性的概念。

在这里，家具的尺度，是指家具造型设计时根据人体尺度和使用要求所形成的特定的尺度范围，同时包括了家具整体与零部件以及与所存放的物品相对照，家具与所处空间环境和其他陈设相衬托所获得的一种大小印象，这种大小印象给予人不同的感觉，这就是尺度感。为了获得合理的良好的尺度感，除了从功能出发确定家具的合理尺寸外，还应从以下几个方面出发，调整家具在特定空间中相应的尺度，因而需要借助空间作为标准界线。

一、以人的心理诉求作为基础

所有的人类生命都生存于空间，不论建筑室内或室外，空间不可避免地形成了对我们最为重要的而又最容易被我们所忽视的影响力。我们不能脱离空间，并需要使用空间内的家具和其他设施。从更高的层次上说，空间及空间内所包含的物体，比如家具，应有助于我们对现在所处环境感觉合适，同时极大地影响我们的情绪。例如，个人的私密空间自不用说，空间与家具摆设的搭配是完全合乎使用者的情感需要的，这种情感更多来自个人兴趣和品位（图 5.1）。而开放的公共空间却是很难把握的，空间气氛的布置，家具造型的选择都是为激发使用者的情感而设置的，这种情感

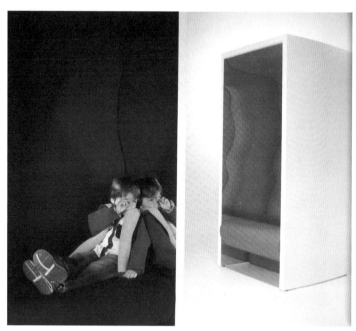

图 5.1　一个半封闭的、两边镶有镜面的箱子是一个只属于自己的空间，又是一个无限开放的空间

的把握更多是趋于与大多数人有关联性的空间和家具的角色性，对于家具产品角色的把握，在本章第二节中详细写到。

　　从人类行为加以分类的心理学角度出发，我们能轻易地从人的角度来确定家具设计的基础。心理学家把没有知觉又没有控制的行为称为本能，而在另一极端，将有知觉又有控制的行为称为"认知性的"。很明显，从使用者最"本能"的角度考虑，人需要坐下休息、躺下、放置、拿取等动作，我们就能确定最基本的家具的功能分类及尺寸大小；"适宜"使用者的家具是最让人亲近的，同时也是一个基本标准。人除了"本能"，还会有智力思考和解决问题的思考，因而在确立标准之后，能顺利地改变、加强、完善功能需求，有时会追随某些意义，刻意改变大小尺度，给人造成不同的心理暗示。在人类的古代社会发展时期，曾有过与建筑空间大小相匹配的大小家具，这在前文中已提及。而在现在，建筑空间大小的自由度能满足人的不同心理情感，比如纪念性的尺度，亲密的尺度等，对于左右家具设计尺寸的自由度变化似乎很小，因为强大的功能性限制了尺寸的自由发挥。人的心理作用只会对建筑空间尺度产生正确的反映，不会对超常尺寸家具，产生合理的心理诉求，除开猎奇的目的。

可见，设计之前，对人的心理诉求的了解，是值得设计师深入思考的，这种考虑为将来的设计打下基础。

二、以距离作为参考

通常我们并不擅长对任何形式绝对感知，但是当依靠相对比较的情况下，我们几乎能准确或接近准确地把握更好（图 5.2）。对于距离亦是如此，重要的是参照，家具设计重要的两个参照物是人和建筑空间，我们用几个重要线索来估计家具在空间中的距离。首先是家具展现的尺寸，一般情况下，众多家具类型会有大致稳定的尺寸数字。其次是随着我们移动头和眼睛时，家具看起来在空间中移动的方式，它会使我们看到家具在不同角度、不同组合方式和各部件的搭配关系上有轻微的不同，这些细微变化，能激发改良冲动，同时能正确判断和及时调整家具各部件之间，家具与家具之间，家具与建筑空间与使用者之间的各种关系，使之趋于和谐的距离，并以此产生合理尺度的判断。

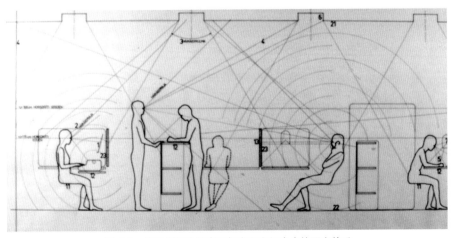

图 5.2　使用者与建筑空间与家具之间产生的距离关系

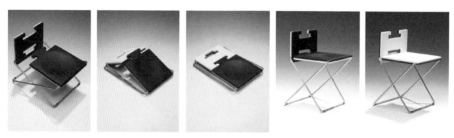

图 5.3 具有可预见性的局部造型是安全使用的关键

三、 以安全作为前提

我们对于日常生活中一定程度上的稳定性、连续性和可预见性都有一种较大的基本需求。我们靠着对规则的了解保持明白和清醒。这不仅是每一位使用者能够表现出的本性和智慧，同样也是每一位设计者面对安全问题要做出的努力（图 5.3）。

首先，家具产品须具备一定的安全系数，直接牵扯到的问题便是尺寸和材料工艺技术。比如，桌面的极限宽度，柜门的极限跨度等问题，都会在与使用者的交流中，产生安全问题；各种材料的加工生产的技术限制，会对应地给出尺寸极限和尺寸标准，这个标准应该是能确保使用者在使用过程中的绝对安全性。

其次，家具产品呈现多元多样化的面貌，甚至具备多功能倾向需求，这就需要设计师在计划这些多元素、多功能的过程中，给予更多预见性的提示。对使用者而言，使用方法凭"直觉"就能了解，才不枉享受这种多功能带来的方便、快捷。比如，多功能沙发，从沙发形式转变为床时，一些细节设计是帮助提示使用者拉伸、收拢、折叠等一系列动作行为的。再比如，设计收纳家具的多功能性时，宽度、进深的尺寸大小直接提示给使用者可放置什么物品，不能放置什么物品，因而合理的隔断设计，有机的组合方式，能轻易地帮助使用者预见使用过程，进而圆满达成设计师设计之初的意图。

图 5.4　库卡波罗为拉赫蒂城市剧院设计的 Pilvi 椅及其变体 Vino 椅

四、以空间需求和动机作为起点

在我们的生活中，需要一定程度上的稳定性和结构化，可以把这看作是安全感的需要，因此需要空间来保证安全。大多数人似乎有强烈的愿望归属于某处，并需要有认同感，或者换句话而言就是在空间上被定位的需求（图 5.4）。我们所居住的建筑空间和所使用的各类建筑空间可以帮助我们满足要求。家具作为空间里的可变体，是通过使用者的认同感来满足使用者在空间里的需求。多数情况下，一个空间被定位成卧室或书房、剧院或展厅，家具设施也就相应地应空间需要而得以定位。床、床头柜、衣柜、梳妆台，是较适合置于卧室空间中的，而不是书房，就是这一道理。因此，家具的设计首先应考虑空间的需求，确定基础家具类型，其次考虑配套家具的延续性，以满足生理安全和情感需要。当然，现代生活中如果一件（套）家具作品只能归属于一个空间的话，恐怕这件家具作品是缺乏生命力的，特别是在设计风格变化迅速的时下，因此多考虑些此件（套）家具的变体形式以满足更多的空间需求，才能更好地不受限制地适应更多的建筑，并将家具的活力发挥至最大。

在我们的行为中，动机是中心角色。所有关于我们的行为怎么和空间或空间里的物体发生关联的研究必须意识到这种强大的力量。动机有许多而且各不相同，不仅有赖于个性和文化，而且随着时间和情况变化而变化。然而看来，我们确实被内心基本需求所驱动着。在本能地满足空间需求之后，透析动机变成设计中重中之重。使用者需要这款家具的动机在哪？弄清楚这一点，设计就有了一个相对容易的突破口，同时也会出现意想不到的设计亮点或者还有高层次的需求动机，将会有助我们在设计时综合更多的因素，完成多元多样化多功能的家具设计。

五、以可识别性作为目标

很明显，空间的一个功能是创造一种环境，一种有利于我们按照我们在日常生活中身份的范围来行事的环境。家具则是空间里符合这种环境的人为创造物，其个性化的表达绝不逊色于建筑空间的自我表现。家具具有角色感，同时就具有可识别性。家具与建筑空间共同塑造了使用者熟悉的和参观者将要了解的一切信息，如生活方式，品味要求等（图5.5）。

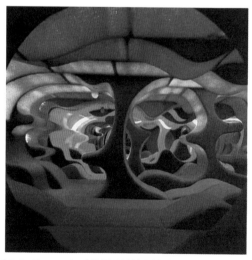

图5.5　Panton打破常规设计的整体家具仍具有可识别性

家具的可识别性很大程度上取决于使用者，因而对大众化使用者和个性化使用者的了解和区别对待成为设计师必修的功课。

公共使用性同个体的标识性一样重要。空间中的家具造型丰富，类型颇多，但终归会用一种语言加以表达或称谓，例如床，无论是成人床或儿童床，架子床或沙发床，都会基于床的一种约定俗成的形式范围，这是长久以来，大众化公共性的标准，这种标准培养了使用者养成的使用习性和动作，也使得绝大多数的家具有其自身规律性的尺寸、造型和相应的功能。设计师需要储备这些知识，并以此作为开发新品设计的起点，有了这个基础，使用者对家具最初的判断与识别才是安全的。

基于大众基础之上的可识别性，是区分家具大形式的基础判断，如果需要加大可识别力度，个体的个性化需求变得非常重要。为了彻底了解空间与家具与人的关联，或许我们需要换一个思维来考虑家具设计中的个性识别。一部分人认为存在于空间中的家具产品仅是一种形式，这也是上述中公共使用可识别性的基础，试想如果从家具的功用角色出发，它最基本的功能似乎会抹杀些许熟悉的形式。例如从思考"床是用来给人睡觉或休息之用的；书柜是用来收集、装载、展示书籍或其他物品之用的"这一角度出发，而摒弃各类家具相应的固定模式，设计师可能会突破传统形式，给以奇思妙想，床会生发出除了满足睡觉功能之外的更多辅助功能，同样道理，书柜的功能除开收纳书籍，如何分类收纳，如何记忆收纳就变得格外重要起来。当然无论个性形式如何变幻，使用者对设计出的新造型、新功能的可识别性仍然是必需的，脱离了可识别性，使用者会游离于商品家具和艺术品家具之间以及各类型家具之间无法作出相应的判断和正确的选择，最终无法确认各类家具产品的真实价值。

本节小结：

认识了建筑空间与使用者的尺度以及与尺度密切相关的各种因素，是进入和深入寻找家具设计方法的一个必备的起点。这一起点，也将家具所处的建筑空间与使用家具的人连同家具产品本身紧密联系在一起。在传统设计中，这些类似于距离、安全、空间需求、动机、可识别性等因素，是些不痛不痒的参考值，而在本文的研究中，从空间角度、从人的角度来分析家具设计最初的可能性，依靠的就是这些积极因素，它们不仅仅只作为参考数值，被提升到一个能有助于开启设计新思路的位子上，才是设计非常重要的第一步。

第二节　记录空间关系以确定家具的基本特征

一、确定家具在建筑空间中的角色

在距离和空间关系学的互相作用下，处于任何建筑空间当中的人会出现密切、非密切、甚至对峙的关系，设计师会因人的需求和关联，将建筑空间进行界定并区分空间性质。正因为这一过程确定了人、建筑空间、家具各自的角色及相关作用，所以应该首先将建筑空间进行区分定位，再以此来确定家具在这一空间中的角色，具体分析如下（图5.6）：

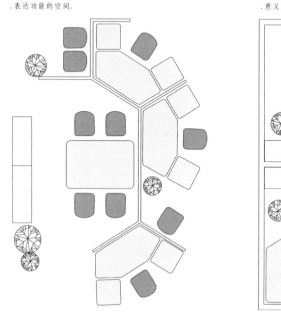

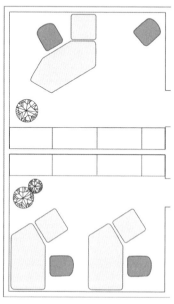

.表达功能的空间.　　　　　　　　　　.意义不明的空间.

图 5.6　库卡波罗与西蒙·海克拉合作设计的可变办公系统以适应不同空间

1. 在表达功能的空间中，具体功能表达十分明确清晰，一般情况下，在这些功能空间建立之初就已确定或规划好了对家具产品的要求，并在空间格局的安排上留出相应的家具产品的位置。在此类空间里，家具的角色早已被限定，因此，家具产品的设计只需吻合空间布置要求，并让使用者能顺利使用，即可获得满意的设计方案。

2. 在意义不明的空间中，功能表达模棱两可的情况较多，空间形式一般较为普通且规整，并不会出现较多的空间暗示分区。那么在这种空间里，对家具产品的要求变得随意，甚至出现两个极端，要么很有创造性地利用空间里的不明因素来确定家具产品的归属感；要么无从选择。所以在这类本身意义不明确的空间里，首先应该确定空间功能，其次再给家具进行定位，在此基础之上建立起人在空间中的流动方式，比较合理地给予家具产品功能化、引导化等角色。

3. 在室内—室外的空间中，人通过视线的控制和路径的流动，将内与外的空间比拟为互动关系：内空间与外空间可以互为共用关系、互为景观欣赏。在此空间当中的家具特别是延伸到室外的家具则起到了一种拓展空间的作用。特别表现在中国传统建筑与园林建筑相结合的空间中。在现代主义的一些经典作品，例如上述的施罗德住宅，我们也能看到在外拓的空间里，将建筑和室外家具天衣无缝地结合在一起，设计得如此巧妙。在现代空间设计中，刻意地放置室外家具和放置与周围环境不协调的家具已不再是明智之举，巧妙地结合建筑外空间起伏，将户外家具变成从内到外，或从外到内的视觉联系的纽带，才能将家具置于一种和谐、自然的角色地位。

二、场所的度量确定家具的特征和位置

著名建筑学者阿多·凡艾克（Aldo Van Eyck）曾在 1962 年精确地简述过对空间和场所的论点："无论空间和时间意味着什么，特定的场所和场合都会有更多的含义。在人们的意象中，空间就是特定的场所"。正如他告诉我们的那样，在空间中居住的人们以自身的活动将空间变成了不同

的场所，在这点上，使用空间的人比建筑师做得更多。

事实上，近年来，对于场所的度量大量是依靠通过心理学测评方法以获得人们对于一个特定场所的正式感受和经过演化用来分析场所的物理特征，这两种方法的综合。换句话而言能否找到一种方式，将人们的反映、感觉、感情、行为与空间场所或物质的可感知的特征之间联系起来，构架起确定空间里家具所有特征的基础，这似乎成为一个不可忽视的前提。

当家具的造型、体量、尺寸因与人与建筑空间的密切联系而被确定之后，家具摆放的位置变得尤为重要，它甚至影响到家具的各种特征给人的感受。当人们在空间中游走时，家具因放置位置的不同，而影响人们对场所反映和感受的特征。许多西方学者通过调查已经发现，很大程度上，无论处于私密或公共空间，人们布置家具的方式不只是形式，而是有助于组织和构造行为的方式。我们可通过一个经典的个案来加以分析，著名的麦金托什在格拉斯哥艺术学校演示了这个实验是如何工作的（图 5.7）。在他创造的图书馆这个公共空间里，家具的特征及放置情况与建筑空间特征紧密相连。学习桌总是与其他建筑元素相关地放置在一起，如果巨大的西墙面开着一个引人注目的大窗，而且这个窗是往外扩展并将窗的侧壁形成凹室，这些空间自然可以用来布置一张书桌，同时形成一些独立的学习环境而备受青睐。学习桌并没有放置在空间的中心位置，麦金托什给它们装上矮屏，以使那些面对面放置的书桌在视觉上进行隔离，一个小小的毛玻璃嵌板告知相邻空间已被占用，同时不暴露里面的活动以免被外面的人分散注意力。在我们看来，麦金托什设计的桌子或者阅读位置没有一个是可以随意放置的，它们的位置都是在空间中精心布置，在属于特殊且完全恰当的场所中能得到片刻的归属感。

研究中，我发现除了主观因素如个人兴趣、文化品位等对家具的位置考虑有一定影响，和职业性质之间也有着极为紧密的联系，这些联系与前面讨论的空间角色是有着千丝万缕的关系的。从设置职业性合作的场景这一基本工作空间手段来讲，固定或半固定形式的家具和可被自由移动的家具提供了空间语言的基本特征。在我们周围熟悉的工作场所中，办公家具

图 5.7　格拉斯哥艺术学院图书馆

在特定空间中如何放置，对于大多数而言，不是一种形式上的构成，相反，它塑造了他们希望设计的行为方式，因此他们可以在与他人相处时扮演需要的角色。有时候，我们也会看到在空间里家具的数量和形态以及放置的位置，要么可以限制使用者的能力，要么创造出工作需要的行为方式。

三、 在功能主义空间的专制下拓展家具的功能要求

在 20 世纪下半叶已经普遍流行着一种空间设计的专制形式。也许它起源于现代建筑运动的功能主义，这里暗指的观点是空间必须体现功能，并且空间要根据其功能要求而进行精确的调整。这种观点在建筑领域、家具领域甚为流行，特别在家具设计领域，在功能分区的空间里，家具产品

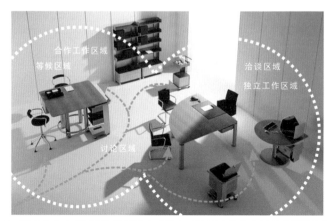

图 5.8　现代办公空间需要多种行为方式并存以致影响办公家具的造型特征与位置

按部就班地进行功能分类，以服务功能空间的需要。当然，在卧室空间里，我们仍然需要睡床、衣柜；在办公空间里，我们需要的是办公桌椅和文件柜，对于这种分划，我们非常明确肯定并且不容置疑（图 5.8）。但是随着一些人性化研究问题的提出，我发现事实上，生活或工作对人们而言，并不是简单的功能划分，舒适、自由以及高效率变成人们更为看重的方面，因此也就要求在特定空间里的家具具备多样性的功能以及较为自由的组合方式，而且不再限制颜色，材料甚至尺寸。

要抛弃纯粹的单一功能，来明确家具产品的功能诉求方向似乎变得无从下手，但有一点是值得确定的：使用者的行为目的和动作要求，直接明确了家具的用途和尺度要求，正是这一点给予了有限空间里家具设计的活力。可以试图从以下两个方面着手家具设计功能要求：其一，考虑家具产品的综合功能要求（图 5.9）。将多种功能集中为一体，以多功能需求为目的，满足不同使用者的要求，同时必须考虑以一种主要功能为主，合并其他相关功能要求，才不至于显得其功能诉求混乱、功能目的不明确；其二，考虑家具产品的组合功能要求（图 5.10）。将原本综合一体的造型进行分散再组合，并从使用者自我目的要求出发，自由进行组合，以达到使用需求的满意程度。而同时要注意的是，根据使用者的需要增加功能、减少功能、

图 5.9　可作为沙发的床　　　　　　　　图 5.10　带有书桌的书柜

甚至重新调整功能，重点在于这种自由重构之后的工艺要求及相关合理性，设计师设计之时要作好充分的设想与较为系统的考虑。

本节小结：

　　上述看来，家具作为空间里的重要角色，对使用者的行为方式起到了影响作用，这种影响力有利有弊，需要设计师切身体会使用者在利用、使用、享用空间和家具时的行为过程，服从使用空间或重新塑造空间，将家具置于最为合情合理和高效利用的位置上考虑，这才真正符合了家具设置在额定场所里的初衷，否则，将无任何意义。

第三节　感知空间方式以创造家具丰富的构成形式

　　"交流"在词典里的解释是"彼此互相沟通、互相供给。"用它能正确地表述出使用者与家具产品的关系。家具产品是人在建筑空间里活动时需要的媒介，它提供了人在空间里自由地、有目的性地使用空间的诸多可能，并成为人使用空间时与之交流的界面。使用者在空间里使用家具时自由地或有规律地潜意识的行为和动作，一方面为家具在空间里的表义给予了丰富的、奇特的、创造性的发挥；另一方面，一些便于记忆的元素，例如造型、色彩等成为家具与建筑空间与使用者之间交流的界面语言，直接影响到接受与不接受的程度及最终结果。所以将家具视为人在使用空间时的界面，无疑是将使用者与家具放在一处互动的地位上，以下的探索正是寻找这一互动方式，以帮助延伸更广阔的设计意图和方式。

1. 考虑人使用时的动作

使用者的动作行为始于本能习惯或受目的驱使，无论在建筑空间内外的活动还是使用或享用任何家具的过程，都会出现相应的肢体动作，而同时，这些动作的幅度、舒适度又受限制于这个空间和空间中的家具产品。被限制的行为有着一种天生的秩序性，被人们认可和接受，并成为习以为常的本能，与普通造型下的家具产品交流起来极为方便。在现代生活方式中，一些新时尚、新观念会制造出一些新的行为活动，影响我们早已熟悉的工作和生活方式，这在年轻人的生活中尤为突出，比如SOHO、网络生活，同时也为各个设计领域提供了更为丰富多彩的设计可能性。但值得注意的是，任何时代的设计更新总是承前启后的，那些被习性、习惯所限制的多种因素，往往是成功设计的基石，当然家具设计也不例外。

从考虑使用者使用时的动作出发，以这些肢体语言产生与家具交流的方式，可以开拓出多种设计思路（图5.11，图5.12）：

①受使用目的的驱使，我们在使用家具时会发生开启、关闭、拉、推、搁、

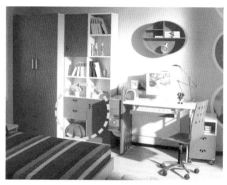

图5.11　笔者设计的花瓣形镂空把手符合儿童家具的功能性和趣味性

图5.12　朱小杰设计的书桌具有简洁的造型和多功能的细节

拿、坐、卧、躺等相关动作，这些动作是针对不同功能类型的家具所使用的。作为词语的这些动作是标准化的，而面对人的不定特性，这些动词的具体操作却不是千篇一律的。在真正地实践中，动作因人而异，并具备人性特征，那么这种情况下，会因此出现多元性设计的可能，例如：运用于抽屉和柜门等不同地方的把手设计，会因使用动作的不一样而产生微妙的变化，并因使用者不同的习惯方式而产生丰富的造型元素。可见，以适合的尺寸、合理的功能、合情地表达作为基础，尝试透过不同的动作方式启发设计，特别是一些细节设计，往往能成就亮点。

②在满足些许使用目的后，人们的行为常常不会因为达到初始目的而嘎然停止，通常情况下，会出现相关动作的延续或补充其他需要的动作，因而多功能型家具会更受到使用者青睐。在此谈到的"多功能"并非多种功能的转换，这种转换型的功能形式会直接造成使用者大幅度的动作行为，是在必要情形下而为之的。可能人们更倾向于喜好在基本功能上附加其他功能，并让操作或使用时的动作变得轻松自由。例如在书桌平面上多出细节功能，用来放置经常翻阅的书籍和文件，以方便拿取，同时紧密联系读、写功能。可见，将相关联的动作有机组合起来考虑，可以开拓单一功能产品的多样性，事实上，也真正满足了使用者最为合理和方便的使用要求，同时真正感受到与家具产品互动交流的过程（图 5.13）。

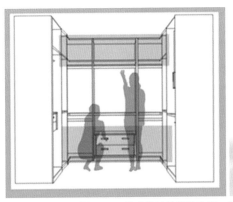

图 5.13　笔者设计的流动衣柜，解决客户使用衣柜时的诸多不便

2. 便于人记忆采取的方式

有特色，存在对比关系的事物一般都便于人们记忆。为了能让家具产品在建筑空间里突显其最大的特征，同时为了吸引使用者，并帮助使用者在使用过程中，根据记忆作出期待。我们分析以下方式，并依赖于通过眼、脑体系作出答案。

①造型

或许人类自己就是垂直对称的物体，因此对一些轴对称造型形式具有特殊的兴趣。中西方古典的建筑和家具的造型制作或许能印证这一特征。除了对称的造型外，非对称的造型则更具有生动的、有趣味的品质特征，也越来越被现代人的生活所接受。通常对称与非对称并存，是为了制造对比的效果，挑战人们趋于统一化的眼光，并带来新意。在建筑空间与家具产品的造型对峙中，趋于过渡的统一，会减弱空间里的鲜活元素；趋于过渡的对比，则会增加空间里的杂乱感。有如现代人正倾心的一种"混合风格"（图5.14），在建筑空间与家具产品或陈设品的装饰风格完全不同的情形下，

图5.14 "混合风格"

进行并非无章无法的任意搭配组合，其关键是对比的元素是适度的，各造型的相关性是和谐的，并以特色抢眼的家具造型创造出空间里的趣味中心。可见，造型因素是家具设计中最能引起共鸣和记忆的重要部分，因为它与风格有关。

②前后关系

存在于空间中的家具产品，有什么能吸引我们的注意力，并将留下记忆，可能很大程度上取决于我们对于立体家具造型前后关系的感知程度，通常将能够感知的称为"前景"，而其余的则称为"背景"。很显然，"前景"并不意味着在物体前面，而是直接影响我们情绪和动机的因素。设计师为了展示家具作品的最大亮点，会因材料、技术工艺的改变而改变前后关系，制造不同的视觉注意点。例如，一个酒柜的设计，普通的"前景"吸引力在于柜门及拼花效果或把手细节设计上，而内部的结构方式、工艺处理等方面则成为"背景"因素，容易被忽视；若将酒柜不透明材质的柜门更改为透明材质的柜门，人们的注意力可能就会被透露出来的内部结构、制作工艺所吸引，反而成为"前景"因素受到关注。可见，在家具整体造型的过程中，巧妙置换"前景"和"背景"，或者同时考虑结合前后关系，将是良好设计完整考虑的必要前提。

③颜色

在纯物理学的领域里，颜色不过是光波的波长变化，因此在一定范围内可以被看作是联系统一体。但在我们眼中的接受器不是连续的，所以一些颜色总显得比其他一些明显：黄色、橙黄和红色部分的颜色比蓝色、绿色和紫色部分的颜色更容易吸引人的注意成为"前景"。

关于颜色对我们情绪的影响有大量的文字记载，许多描述认为红色和黄色是暖色，在空间感觉上更倾向于突出，因此看起来更近，容易被当作"前景"而受关注；相反的，蓝色和绿色被描述为"冰冷"和后退的颜色（图 5.15）。在通常情况下，一个涂成红色的空间比涂成蓝色的空间显得小，因为对居住者而言，红色的墙具有前进的意味。同样将这种视觉经验用于家具设计中时，暖色系列的膨胀感和前进感会在一定空间范围内成为

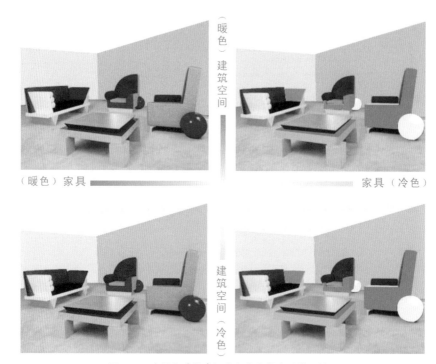

图 5.15　家具和建筑空间在色彩上的冷暖搭配效果

视觉焦点，并容易造成"塞满"空间的视觉感，而冷色系列会略显安静和沉稳以及后退感。因此，为了在设计中达到设计者预期的效果，设计师会经常在把握空间里的色彩尺度上，解决空间色彩与家具色彩的相互关系以及家具自身色彩的搭配关系等问题，仔细斟酌，以平衡来自建筑空间、家具、使用者三者的关系。

④秩序和模式

秩序性不仅对形成建筑风格和家具风格极为重要，而且也是使建筑空间和家具产品具有可读性和可理解性的最基本的方法。正如我们对建筑的理解，个体家具的模式和常见的局部处理，确保了我们可以知道系列家具的其他细节和其重要特征。反之，家具也在作用于我们的意识，秩序性能让我们寻找到规律并做出预测。

一种模式往往被视为一种风格，一种工艺，一种被人为制造的规律，很难从本质上说清楚它的好与坏。家具如同建筑一样是较为复杂的交流对象，它不是只为某一单一目的表达一个简单意思。简单的元素重复会在秩序感和模式的形式上制造人们视觉上的安全性，却不容易长久地产生令人愉悦的感觉，正如语言上的罗嗦，重复会使人感到厌倦。而结构和装饰太过复杂的家具造型也是沉闷无趣和索然无味的。家具设计的技巧至少应该包括，因地制宜地、恰到好处地运用秩序性的技法。打破个体家具单一的模式，又要尊重其规律性模式；既要给予系列家具一定秩序性的预测度，又要制造些适当的变化性，这便是容易记忆的方式。

⑤重复的好坏

除开对称关系的造型，重复（图5.16）也是人类从古至今非常喜欢和容易接受的造型因素。从古希腊神殿建筑的柱形重复排列到现代主义功能性建筑里重复的个体空间，无不展现了重复的视觉魅力和功能优势。

重复是造型语言中，最简单和最复杂的手段。制作重复的方式极为简单，即秩序性地排列个体元素，但要制造令人震撼，令人愉悦的重复，却又是相当复杂和艰难的，其变化与有序交替出现，结果意想不到。因而无数的设计师们乐此不疲地探索着。正如前面所言，简单的重复与形式过于复杂的重复都有利弊，权衡设计过程中，其他的造型语言与之进行合理搭

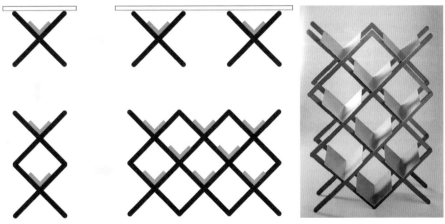

图5.16　利用重复的特性设计的书架

配，制造有序、多变且不庞杂的记忆要素，才能恰如其分地利用好这重复的特性。

⑥其他因素

当然在家具设计中，不同材质的搭配和工艺技术上的革新，也会引起人们的关注，这些内在的变化是需要通过造型、色彩及不同因素的组合来进行的。通过前文的总结知道，新生的材料和工艺技术往往先使用在建筑中，然后再借用到家具设计上，因而家具设计一般会在较为娴熟的技术条件下，出现更为丰富多变的尝试结果。现在家具设计中因特殊的材料和新鲜的工艺技术而吸引我们目光的家具作品实在太多。

第四节 家具在空间中的引导和暗示

在人们感知空间的方式中，家具在空间里起到的另一个重要的作用便是引导人们享用空间、利用空间的过程。在空间里家具的摆放位置及朝向、组合方式及功能划分，在某种意义上是以特定的方式进行引导和暗示的。

一、用以组合空间的家具

在许多家具组合的试验中，人们得到的结论是，在同一空间里，家具出现不同的组合形式不但影响使用者的使用情绪，而且也影响着使用者的使用效率，这种情形很明显地出现在工作空间环境中，同样也出现在我们的生活空间里。如何接受并有效利用家具在组合过程中的空间引导方式，试从以下三方面来拓展研究：

1. 和谐性

著名建筑学者赫尔曼·赫兹伯格（Hermann Hertzberger）在他深入研究的"结构主义"的设计理论中，主张把设计的对象和空间想象成"乐器"而不是工具。对他而言，空间应该像一个乐器，并表明它应该如何被弹奏，但不要指望它自己就能奏出所有美妙的音乐。这样，设计的窍门看来就是对空间以及人在空间中的行为更深刻和更成熟的理解。也许经验和观察能帮助设计师知道什么时候、什么地方利用家具在空间中引导行为产生并形成流畅动作，什么时候使空间更具模糊性。正如美妙音乐的节奏，能和谐地安排、控制空间与家具与人的关系，"乐器"的功能才是发挥了它最大的意义。

2. 合理性

和谐性的潜台词下隐藏着合理性。将空间中的家具放置在功能合理的地方，感知空间自然会变得和谐起来。当然，合理性的重点在于合理的组合搭配，合理的功能设置，将简单机械化放置家具的空间转化为舒适的、具有高使用效率的合理化空间（图5.17）。其合理的组合方式，需要在有限空间里发挥最大的使用功能，并满足多种功能要求，因而组合方式尽量避免单一化、机械化，要呈现科学地有机的组合；其合理的功能设置，是依靠有机组合之后最大限度地发挥功能需求，并依据使用者在工作生活中产生的习惯动作与行为，加以统筹考虑。设计之初模拟使用者将在空间当中可能出现的使用行为，来安排合理的功能设置，会是一个不错的开端。

3. 可拓展性

在一定空间中，家具可组合的形式毕竟有限，能满足使用者需求的供给方式也存在诸多限制因素。很多时候，使用者会处在空间和家具之间的

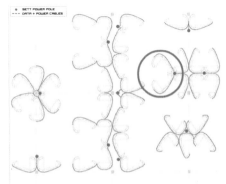

图 5.17　诺尔公司设计的灵活多变的办公家具能有效组织空间

一种尴尬境地，而得不到使用的满足，具备可拓展性的家具设计会将家具产品在空间里的多样性的引导方式加以扩展，以期望满足更多的使用可能，以下总结三种可拓展功能的方式：

第一、功能型拓展：在设计时，将可能被期望的功能进行增加，在需要大量使用时，进行功能满足，当然，增加的附属性功能并非机械叠加，而是有机合理地规划并让使用者在使用被拓展的家具时，感知被拓展的空间（图5.18）。

第二、增设型拓展：在一些受局限的空间里，家具的布置有增有减，特别以餐厅空间为例，常常会因为相邻桌子过于接近，而需要在空间安排方面加以改进。关键的问题并不是需要更多的空间，而是需要确保不同桌子的座位只能与适合其"共存"的座位发生关系。如果这目的不能单靠平面布局来达到的话，那么设计师会通过设置屏风或其他装置来布置空间。又是麦金托什，他似乎对这些原则了解得十分透彻，在其著名的杨柳茶室（图5.19）中增设了屏风，因而在一个非常紧凑的布局里获得了令人满意的空间场景布置。

第三、延伸型拓展：延伸型拓展方式是将功能性进行自由转换，并能在有限的空间内为制造即兴的聚会创造理想的机会。通常被使用在公共空间和适宜自然环境下的建筑外空间。大量的人流活动，短暂的使用目的，需要许多简易的、方便的、不刻意的家具类型来满足人们在即兴状态下的交流方式。因而在外观造型上，主要的功能可能并非是一般意义上的家具。例如荷兰阿姆斯特丹阿波罗学校走廊空间里的护围设计（图5.20），其形式已明确了它的功能，孩子们很快从这一暗示发现了坐下的机会，于是护围转变为坐具，同时也自然而然地创造了一个即兴的交流空间。

二、等候空间中的家具

在罗伯特·索漠的著作《人的空间》中记载着著名建筑学者奥斯蒙德富有创造性的"社会向心型"和"社会离心型"空间理论。所谓"社会向心型"空间是试图将人拉到一起；"社会离心型"空间则是试图将人们甩开，就

图 5.18 笔者设计的公共竹坐椅在小朋友使用下的功能拓展

图 5.19 麦金托什的杨柳茶室屏风隔断

图 5.20 荷兰阿姆斯特丹阿波罗学校走廊空间里的护围设计

如同离心分离机将物体甩出旋转轴的中心的那种力一样（图5.21，图5.22）。字面上的意思是寻找中心。很显然，设计师总是在寻找任何类型空间中的中心，而这中心又经常会依附于空间中的物体，特别是家具而产生一系列的联系。在社会向心型空间和离心型空间布置的各种表现中，等候空间是一个明显的两者都存在的例子。

以美国航空公司设计的空港候机厅（图5.23）等候空间布置方式为例，可见其复杂性。大多数空港中开放的公共等候空间的设计似乎让等候比通常情况更加枯燥乏味。座位本身常常连成一排，或相背而靠或相对而设，

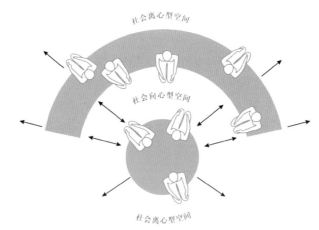

图5.21 "社会向心型"和"社会离心型"空间共存的家具设计方式

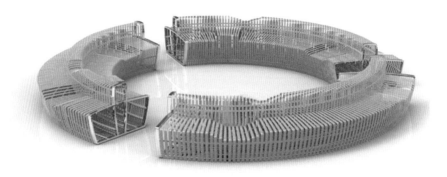

图5.22 笔者设计的"社会向心型"和"社会离心型"空间共存公共竹椅家具

图 5.23　肯尼迪国际机场候机厅等候空间中的不同的家具设计

以一种典型的"社会离心型"方式来布置。事实上，许多人并不是孤单地
等候班机，而是有其他人的陪伴，无论他们是家人、亲戚还是商业伙伴，
都希望在等候的时候有舒适的、能得到暂时需求的区域。因而来看看英国
航空公司在它的商务舱候机厅的设计。

　　首先将一个单独的等候厅分散成一系列以公共家具为中心的小区域布
置，座位排布的不同方式同桌子和扶手椅一同使用。有一些像咖啡馆一样
的区域，一群人能围坐在桌子旁吃着小点心；有供商务会议的会议桌；有
一些较为隔离的带有计算机接口的个体空间是为单个的笔记本电脑使用者
提供的。装有椅套的放松椅子靠窗设置，在那儿有很好的视线可以观看到
飞机的活动；一些空间有儿童玩具和游乐设施，邻近有陪同家长的座位。
这些似乎总是运用得很好，有足够的理由确认，人们事实上似乎真的需要
选择那些适应他们情况和暂时需求的区域。等候人群的特殊性在于处在"社
会离心型"空间里，仍希望获得"社会向心型"空间里的满足，因而在等
候空间里，总有一些公共家具的设计与设置应兼顾两类不同空间的要求，

比如车站候车空间、医院候诊空间等都需要更多的一些人性化的为等候空间而设计的家具。

三、可移动和固定的家具

使用存在于空间里的家具，是用以帮助空间中人们的定位，通过创造适合或不适合的行为方式，来提供或者阻碍他们所期望的空间关系，同时，又能引导人们在空间里自觉与不自觉的行为。

最有可能使用移动家具的空间多会出现在中性空间中，例如会议室和讲堂。这里所有的家具都被认为是可以被使用者移动的。这类空间里存在着大量不确定因素，多样性经常出现，因而轻便的、能堆码的、多功能的、能改变形式且具拓展性的家具更适合这样的空间中。

固定家具则缺少了自由变换的特性，并牢牢地成为空间里不可或缺的一部分，它成为空间里的一种秩序，这种秩序性左右着使用者的使用过程，却能给予使用者理性的、不变的稳定感，也给予了空间忠实的角色感。例如在模式化的办公室、图书馆、阅览室、法院等特定状况下的空间里，固定家具具备特定空间里的特质或使用者特质，并使用在确切的位置上，其设定好的模式很难被打破。

还有一类较为灵活的空间，是将可移动的和固定的家具并置，处于动静结合处，很好地满足了不同空间需求和使用需求（图5.24）。例如酒吧、咖啡屋、室外公共空间等，家具的可移动性和固定性结合搭配，既可随意、又可稳定。设计师在很大程度上，通过对半固定和固定元素的使用，产生对该空间布置的影响，并可以产生相应模式，让不同的布置方式和所需要的行为方式变得更加和谐。

本节小结：

家具设计中产生的一些丰富造型形式，多半可依据来自使用者多样的行为过程和活动方式，无论家具在空间中起到怎样的作用，是主动交流还是被动引导，其间使用者的主观主动性总是至关重要的，它成为联系建筑空间与家具产品的桥梁，成为真实感知空间的方式。

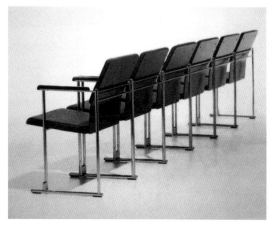

图5.24　这种椅子很容易叠摞放置，也可排列成行，特别适合礼堂、教室等空间

设计师案例

阿尔瓦·阿尔托

（Alvar Aalto, 1898~1976）芬兰现代建筑师，人情化建筑理论的倡导者，同时也是一位设计大师及艺术家。

作品展示

这把椅子凸显出了他设计理念中的简洁、实用，采用流线型设计，有一种流畅的动感，而且没有采用传统椅子的四条腿设计，椅背用两根金属弯曲成流畅的曲线，既实用又具有很强的装饰性和现代感，椅背的弯曲造型符合人体工程学，使脊柱得到舒适的放松；扶手部分也充分考虑了人体坐姿的特点，使手部能舒服地放在弯曲的扶手处。

安德烈亚·布兰齐

（Andrea Branzi）1938 年生于佛罗伦萨，意大利建筑师和设计师，他的激进和富有诗意的作品链接起了产业工艺与自然科技，并推倒了产品设计中的极端设计和概念艺术之间的界限。他是 Archizoom 协会的创办者之一，并曾亲身推动意大利激进建筑运动。他写了很多部书，并为多家设计专业期刊撰稿，1983~1987 年曾任 MODO 杂志编辑。1983 年，他参与创建了 Domus 学院，这是第一所国际性的设计研究生院校。

作品展示

该座椅是由金属灰色漆铝支撑结构和弯曲的榉木胶合板组合而成；后背和扶手即为曲条形式的胶合板。

菲力普·斯达克

（Philipe Starck，1949 至今），斯达克所涉及的设计范围包括建筑、家具、室内设计、摩托车、榨汁机、过滤器甚至门把手、花瓶等细微的家居产品。今天，斯达克的设计思路从以前的时尚趋向于恒久的经典，认为客观性和朴实的风格是产品设计中不可或缺的整体。

作品展示

　　这个项目的创建是一个真实的 Kartell 坐椅的技术挑战，无论是奖章状的背部，还是椅子的手臂，制作起来都具有相当大的困难。制作好的路易斯幽灵椅是稳定、高强度和抗打击的。这些作品在极具个性魅力的同时还充满了的审美情趣。

弗兰克·盖里

（FrankOwenGehry）1929 年 2 月 28 日生于加拿大多伦多的一个犹太人家庭，17 岁后移民美国加利福尼亚，成为当代著名的解构主义建筑师，以设计具有奇特不规则曲线造型雕塑般外观的建筑而著称。

作品展示

该作品 80% 的材料使用再生铝零件，重 55.3kg。弗兰克·盖里的设计任务是用简单的形式体现自由性，且必须在结构上设置一个小的"危险"，但同时又不失美感。"tuyomyo"作品曾在米兰设计周展示。

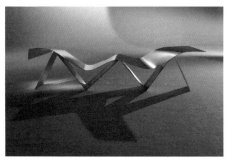

弗兰克·劳埃德·赖特

（Frank Lloyd Wright，1867 年 6 月 8 日 ~1959 年 4 月 9 日）美国建筑师、室内设计师、作家、教育家。赖特是 20 世纪上半叶最有影响的建筑师之一，设计了超过 1000 个建筑设计、其中完成了约 500 栋建筑。赖特相信建筑的设计应该达到人类与环境之间的和谐，他称之为"有机建筑"的设计哲学。生前就已经广为人知的赖特，在 1991 年被美国建筑师学会称之为"最伟大的美国建筑师"。

作品展示

这系列的桌椅采用桃木或染色的核桃木为材料；最大的设计特色是：采用许多垂直木条为椅背及桌脚护栏，作品通过中古世纪般繁复雕刻散发出浓厚的古典风味。

盖当诺·佩西

（Gaetano Pesee），1939 年生于意大利斯塔西亚；意大利杰出的多才多艺的家具设计大师。1958 年，佩西就读于威尼斯建筑学院，1959 年，在威尼斯高等工业设计学院听课。同年，佩西成为帕多瓦"N 小组"的创始人之一。他在威尼斯学习建筑和设计一直到 1964 年。1961 年他在德国的乌尔姆（ULM）造型设计学院短期进修，丰富的教育背景使他具备了多种才能，具体表现在建筑、家具、戏剧、电影、音乐和美术等不同领域上。

作品展示

梅利斯 Up 系列，设计于 1969 年。7 款不同座椅，各种大小尺寸在一起展示，具有非凡的视觉冲击力。其中，最有名的是 UP5，设想作为一种隐喻"女人与球在他的脚下"的大型雕塑，UP7 表达出融合艺术与设计的意愿。该涂层中的颜色有黑、红、黄、蓝、墨绿米色和橙色条纹，作品由弹性面料完成。

安东尼·高迪·科尔内特

（Antoni Gaudíi Cornet，1852 年 6 月 25 日 ~1926 年 6 月 10 日）是西班牙"加泰罗尼亚现代主义"建筑家，为新艺术运动的代表性人物之一。

作品展示

Casa Calvet 扶手椅是 Gaudi 于 1902 年为他的第一个住宅设计项目而设计的，由古老传统的手工橡木雕刻工艺制作而成，是独一无二的收藏品。Casa Calvet 扶手椅打破传统观念，反对对称形式，极具骨感，似乎马上就要行走似的。心形靠背、脊柱式支撑、弯曲的扶手臂、带有膝关节突出般的椅腿、乃至球茎形的椅角，无不透露出一股生气。《卡佛之家》（Casa Calvet）扶手椅椅座与靠背同人体几乎完美贴合，它的工艺见证了那个昔日文化气息十足、站在潮流前沿的建筑之都巴塞罗那，并已成为世界艺术文化长卷中的一抹亮色。

马尔克·扎努索

(Marco Zanuso)，1916 年生于米兰，意大利现代设计学派的领头人，1939 年毕业于米兰理工大学建筑系，1945 年在米兰创办设计事务所——扎努索工作室，1946~1947 年与罗杰斯 (Ernesto Rogers) 共同主编《多姆斯》杂志，1947~1949 年又继续主编《卡萨贝拉》(Casabella) 杂志，他与庞蒂一样，为推动意大利设计学派的形成和培养新一代设计师作出了杰出的贡献。

作品展示

在他职业生涯的早期，Zanuso 在受委托设计的座椅中使用倍耐力的泡沫橡胶。"夫人"的椅子，获 1951 米兰三年展金奖。该作品是传统扶手椅的现代诠释，其微妙的曲线表现出了舒适度，作品具有优雅的比例。这轻轻弯曲扶手椅由泡沫橡胶装饰放在一个木头上。这把椅子在一个灰色的荷兰 Sherry 品牌新内饰的衬托下，更显完美。

结 论

　　本书的研究是以拓展家具设计的"创造性"思路为最终目的，确切的说，如果不把创造性作为实际问题并以成品的方式试制出来，就不会知道什么是创造性。但是，作为作品，变成什么样才能算是"创造"？恐怕只有先理清并理解创造过程中的"设计思路"，才好着手下一步的草图和试验。本书是从研究中西方建筑与家具的关系开始的，围绕建筑空间与家具设计这一主题，概括性地总结了 20 世纪中西方各类建筑思潮对家具设计的影响结果，并针对现时国内家具设计出现相对滞后的种种问题，以家具设计应选择以建筑空间作为最可靠的依照对象的观点入手，提出了现代家具设计应综合建筑空间和使用者的多方因素，并与之相和谐的论点。具体从空间尺度、空间关系以及空间方式三方面进行了系统的分析和理论阐述，并得出了以下几点结论：

　　①我们生活在一个重视创意和追求差异的时代，标准化与规格化的设计思想只是能够为我们带来物质生活的一项基本条件，或者说仅是帮助普通社会大众追求生活品质理想的一个过渡性阶段。一个优秀的设计作品必须拥有各种创意手法，为人们的生活和工作带来更多的愉悦和感动，这是任何设计的追求包括家具与建筑空间设计，也是本书最大的初衷。

　　②纵观中西方的设计历史，从其演变过程分析，家具与建筑的发展有着密切关系，并且它直接反映出家具设计的每一次进步几乎都建立在成熟的建筑空间设计体系上。因而在家具设计方面的探索，无论风格、技术都有赖于对建筑空间设计发展的关注与了解。

　　③所有的空间和空间里所有的家具陈设都应该被赋予正确的尺度，否则很难发挥其真正的效用，这一要求成为使用者顺利使用建筑空间和使用家具的基础。除开人为意义性的视觉标准，设计家具的造型，其体量、尺

度要求是依据建筑空间中的尺度标准和使用者的尺度标准的，是客观性和主观性的结合。

④不同功能的建筑空间都会存在不同的空间组织形式，确定家具的角色以及存在方式，包括家具的特征、功能和布置方式都决定着家具作品在不同的空间组织中的适应能力及影响力。

⑤以家具的多样性来适应建筑空间的多元化，关键在于使用者以怎样的方式和目的来进行与空间与家具互动性的交流。家具作品多样性造型的产生离不开使用者丰富且多变的使用过程。设计师创意的来源则来自对使用过程的体验。

⑥解决纯粹的功能性，只是家具设计的雏形，依靠空间来解决实际建筑内外的需缺，以把握合理性、特色性为原则来创造与建筑空间和谐相处的家具作品，最终以艺术化的多样性来表达与多元化空间的协调。

⑦优秀的家具作品最终要体现出合理性、特色性和多样性。作品的创新性可以依据建筑空间中的空间尺度、空间关系和空间方式三方面因素，并通过使用者"复杂"的使用过程而得以实现的。懂得和使用空间语言，是真正的人性化的表达，它维系着建筑空间设计和家具设计两方面。全文总结家具设计的设计思路流程如下：

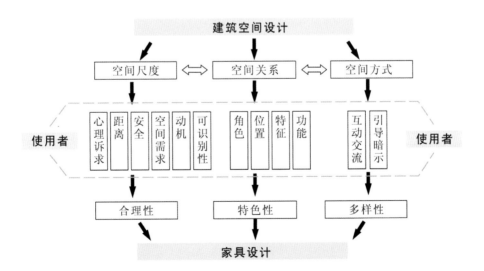

　　最后，因受时间及笔者学识所限，本书的研究还有待更深入，部分论点的提出可能比较片面，论据分析及数据例证等部分也不够充分，只能待日后继续研究和补充。所以尚存不足及谬论之处，还恳请各位专家读者不吝指正。

参考文献

国内文献：

[1] E.H. 贡布里希『英』. 秩序感——装饰艺术的心理学研究 [M]. 长沙：湖南科学技术出版社，1999.220.

[2] G. 勃罗德，彭特 『英』. 符号象征与建筑 [M]. 北京：中国建筑工业出版社，1991

[3] H.G. 布洛克. 现代艺术哲学 [M]. 成都：四川人民出版社，1998.67.

[4] M.R 金兹堡『俄』. 风格与时代 [M]. 西安：陕西师范大学出版社，2004.23-25.

[5] Nikolaus Pevsner『英』. 现代建筑与设计的源泉 [M]. 北京：三联书店，2001.

[6] 爱德华•T•怀特. 建筑语汇 [M]. 大连：大连理工大学出版社，2001.60-65.

[7] 比尔•里斯贝罗『英』. 西方建筑 [M]. 江苏人民出版社，2001.

[8] 布莱恩•劳森『英』. 空间的语言 [M]. 北京：中国建筑工业出版社，2003:17-23.

[9] 陈瑞林. 中国现代艺术设计史 [M]. 长沙：湖南科技出版社，2002.11-16.

[10] 程大锦. 建筑：形式、空间和秩序 [M]. 天津：天津大学出版社，2005.5-8.

[11] 范景中. 贡布里希论设计 [M]. 长沙：湖南科学技术出版社，2004.

[12] 方海. 20 世纪现代家具设计流变 [M]. 北京：中国建筑工业出版社，2001.

[13] 宫宇地一彦『日』. 建筑设计的构思方法 [M]. 北京：中国建筑工业出版社，2006.143.

[14] 胡德生. 中国古代家具 [M]. 上海：上海文化出版社，1992.23-25.

[15] 胡景初，方海，彭亮. 世界现代家具发展史 [M]. 北京：中央编译出版社，2005.

[16] 胡景初，柳淑宜. 家具设计与制作 [M]. 长沙：湖南科学技术出版社，1983.19-25.

[17] 勒•柯布西耶『法』. 走向新建筑 [M]. 西安：陕西师范大学出版社，2004.

[18] 刘敦桢. 中国古代建筑史 [M]. 中国建筑工业出版社，1998.45.

[19] 鲁道夫•阿恩海姆『英』. 艺术与视知觉 [M]. 成都：四川人民出版社，1998.

[20] 罗伯特•杜歇『法』. 风格的特征 [M]. 北京：三联书店，2003.67.

[21] 派屈克•纳特金斯. 建筑的故事 [M]. 上海：上海科学技术出版社，2001.90.

[22] 汪江华. 形式主义建筑 [M]. 天津：天津大学出版社，2004.

[23] 尹定邦. 设计目标论 [M]. 广州：暨南大学出版社，1998.56.

[24] 周浩明，方海. 现代家具设计大师约里奥·科卡波罗 [M]. 南京：东南大学出版社，2002.24.

国外文献：

[1] Abbas, M.Y.Proxemics in waiting areas of health centers: a cross cultural study. Ph.D.,University of Sheffield, 2000.

[2] Architecture of The 20th Century, By Mary Hollingsworth, Published by Crescent Books New York.

[3] Curits Euarts. CL.Ma collection: Traditional Chinese Furniture From the Great ShanXi Region [M]. HongKong: C. L. Ma collection, 1999, 62-114.

[4] Davey, P.St Mary's.Architectural Review, 1991, 189(1128): 24-33.

[5] Frank O.Gehry 13 projects after Bilbao [J]. Tokyo: GA DOCUMENT, 2002 (68): 27.

[6] James Steele, Architecture Today, Phaidon Press Limited, Regent's Wharf, All Saints Street, London Ni 9PA, First published, 1997.

[7] Markus, T.Buildings and Power: Freedom and Control in the Origin of Modern Building[M]. London, Routledge, 1993.

[8] Mitchell, W.J.E-topia. Cambridge, Mass., MIT Press, 1990.

[9] Modern Art Painting/Sculpture/Architecture, By Sam Hunter and John Jacobus, Harry N.Abrams. Inc. Publishers, New York.

[10] Morris, D.The Naked Eye: Travel in Search of the Human Species [M]. London, Edbury Press, 2000.

[11] Peter Filp. Furniture of the world [M]. London: Cathay Books, 1994.

[12] Philip Jodidio, SIR Norman Foster, Edited by Christine Fellhauer Cologne, Printed InTtaly.

[13] Robert H Eusworth. Chinese Furniture [M]. New York: new Fair field, 1997.

[14] Rose, D.A portrait of the brain. In Gregory, R., J.Harris, et al.(eds), The Artful Eye, pp. 28-51. Oxford University Press, 1995.

[15] The Museum of Art, New York, Harry Nabrrams, 100Fifth Avenue New York.